植物たちの秘密
香りとヒトの科学

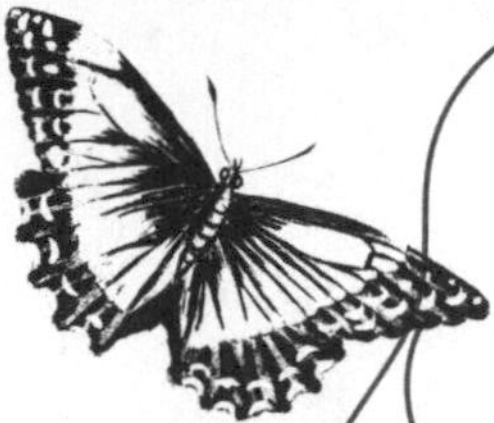

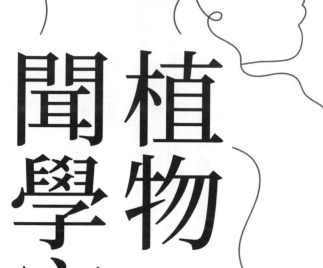

植物聞學家

63種天然香氣
不為人知的科學功效

田中修
丹治邦和

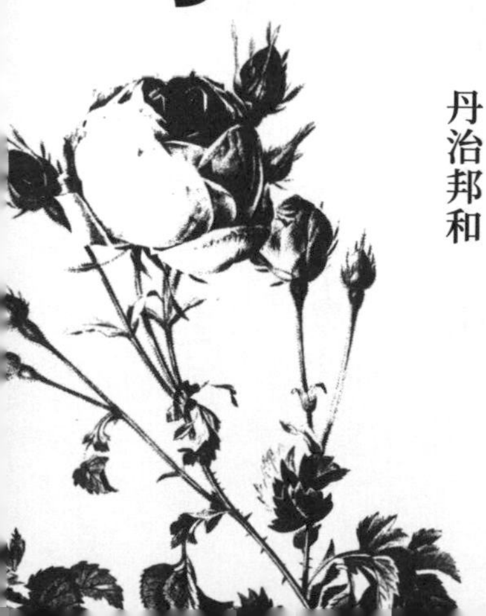

楓樹林

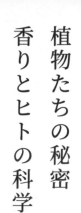

前言

植物在大自然中會散發出天然的氣味。氣味不具實體，因此氣味的存在往往不會讓人覺得很重要，但要是注意到氣味的多種作用，就會知道絕對不能小看它。

舉例來說，許多植物會靠著氣味來保護自己，或是避免自己發霉、感染病菌。而這些氣味也是人類進行森林浴時的森林香氛，可以撫慰我們的心靈並舒緩壓力。

植物的氣味自古就在我們的生活中派上許多用場，像是抑制霉菌與細菌繁殖，或用來保存並維持食物的風味，如：櫻葉麻糬、鯖魚壽司等。

另外，植物會用氣味來提升自己的魅力。許多植物為了製造出下一代——也就是種子，必須引誘蜜蜂、蝴蝶等昆蟲，而氣味正是它們施展魅力的一大武器。

「以色相誘人」這樣的描述，對我們人類來說或許不是件好事。不過，許多植物都是靠「色香」來引誘昆蟲、吸引昆蟲進到花裡面的。其中，「色」當然是指花朵的顏色，「香」則是花朵的氣味。

植物這般施展魅力的遠程武器，不僅能吸引昆蟲，我們人類也會受到牽引，並因此蒔花種草、剪下鮮花或以插花來裝飾室內，每逢花季也會去各處賞花。在我們平淡無奇的生活中，植物散發出的氣味是許多人津津樂道的話題。

此外，對我們來說，氣味也是一種刺激，可以讓味覺變得更靈敏。要是捏著鼻子、在聞不到味道的情況下吃東西，往往會嚐不出食物的味道。想要嚐到味道，就不能沒有氣味。

氣味不但可以讓我們嚐到味道，有時候還會喧賓奪主，搶走高級餐廳料理的風采。所以餐廳裡通常不會擺放香味濃郁的花卉，更用心的店家甚至會在花朵中添加一些抑制香味飄散的物質。

另一方面，香橙與檸檬等香酸柑橘類不但果香撲鼻，也帶有酸味，一般不會直接食用其果實。香酸柑橘類的氣味能讓食材的味道更出色，還有潤喉的功用。此外，山葵、茗荷等香辛類蔬菜的氣味，則能夠襯托出食材本身的味道，並增添料理風味。

就像我們嚐到味道時產生的作用一樣，植物的氣味也會影響到我們的心情。悲傷痛苦的時候，飄散在四周的溫柔香氣可以撫慰我們的心靈；相反地，有喜慶的事情發生時，氣味能讓我們更加開心興奮。另外，不得不放手一搏的時候，氣味也會帶來振奮人心的效果。

不言不語也不會動的植物，跟同伴溝通時的祕密工具也是氣味。植物會利用氣味告知同伴有蟲蟲危機，也會用氣味尋求協助來保護自己。

由此可知，植物的氣味具備多種作用。其中，有些氣味對我們的健康有益，因此近幾年來受到許多人關注而成為話題；有些氣味甚至陸續獲得科學證實，能帶來回春或減重等效果。

本書旨在探索氣味的功用，並以此審視生活周遭常見的植物，期盼能透過書中介紹的會散發氣味的植物、引發話題的氣味及其作用等，讓各位讀者對植物的生存方式產生興趣。

深深感謝藤井文子女士以植物的「氣味」這麼吸引人的主題作為本書企劃，並且在小標題與內容結構上用心編輯，本書才得以出版。另外也要衷心感謝許多人的努力，才得以讓本書呈現在各位讀者面前。

二〇二一年一月

田中 修

丹治邦和

2 前言
6 目次

第一章 回春與減重的香味

14 足以代表秋天的味道 減重效果備受矚目！
丹桂（木犀科）

19 永垂不朽的美麗傳說 埃及豔后的保養祕方
薔薇（薔薇科）

22 毒性雖強 但香味對容易便祕的人有益
鈴蘭（天門冬科）

26 聞香就能抗老 小鼠卻對它不屑一顧
香莢蘭（蘭科）

29 具2種燃脂效果的超級水果
葡萄柚（芸香科）

33 具回春效果的氣味連記憶力都能改善
迷迭香（唇形科）

38 受歡迎的橙花精油主要成分
苦橙（芸香科）

第二章 充滿色香誘惑的催情香味

44 甜美香氣中的強效催情成分
梔子（茜草科）

47 不只是果實好吃而已
苯乙胺可是愛情魔藥
栗子樹（殼斗科）

50 分析過這種馥郁香氣後
才知道是年輕女性身上的味道
梅樹（薔薇科）

53 不僅開花時嬌豔無比
香氣飄散的時刻也不容錯過
曇花（仙人掌科）

56 夜愈深就愈香
無法控制的撲鼻優雅香氣
百合（百合科）

60 新婚之夜不可缺少的催情香
依蘭（番荔枝科）

第三章 可帶來放鬆效果的熟悉氣味

64 因芳香馥郁而得名
沈丁花（瑞香科）

67 氣味成分的源頭是β－櫻草糖苷
茶樹（山茶科）

71 森林香氛的主角「蒎烯」有助眠功效
松樹（松科）

74 讓龍貓放鬆的安穩巢穴
樟樹（樟科）

77 療癒感滿分的超級香味
所以還是鋪著榻榻米的房間好！
藺草（燈心草科）

80 早晨來杯咖啡為何能提神醒腦？
咖啡樹（茜草科）

85 餅草特有的氣味可緩解生理痛與膝痛 **艾草（菊科）**
88 從結蜜機制學到氣味的作用 **蘋果樹（薔薇科）**
91 想要放鬆一下時可以喝…… **茉莉（木犀科）**

第四章　擊退病毒與細菌的氣味

96 令人矚目的預防流感效果！ **大葉釣樟（樟科）**
99 無尾熊的最愛不但能抗病毒還能「淘金」？ **尤加利樹（桃金孃科）**
103 常被蚊子叮的人非聞不可！ **紫丁香（木犀科）**
105 紫蘇加鹽巴抗菌效果更強大 **紫蘇（唇形科）**
108 古人也能分辨並應用在生活中的青竹香 **竹子（禾本科）**
112 有可能商品化的天然焦糖香 **連香樹（連香樹科）**
114 能有效抵抗結核菌的檜木醇 **日本扁柏&羅漢柏（柏科）**

第五章　讓我們保持健康的超級氣味

120　讓人長生不老的果實是柑橘類氣味始祖
橘柑（芸香科）

122　可滋補強身、減重的獨特氣味
大蒜（石蒜科）

126　讓人覺得苦的成分帶來的是……
彩椒（茄科）

130　不但能讓人放鬆下來，還具備抗氧化效果
荷蘭芹&西洋芹（繖形科）

131　葉子跟果實都很香，又能幫助消化
山椒（芸香科）

135　甜甜的柏葉麻糬香味可緩和神經系統疾病！
槲樹（殼斗科）

139　可減輕心肌梗塞甚至具備抗癌效果的萬能氣味
菖蒲（菖蒲科）

141　媽媽味的成分是幸福物質「血清素」
薰衣草（唇形科）

146　可改善記憶力的超級水果
萊姆（芸香科）

第六章　功效強大的氣味

150　不僅能帶來放鬆效果據說還有助於恢復認知功能！
香橙（芸香科）

154　跟香橙的香味只有些許差異
檸檬（芸香科）

157 有助於胰島素發揮作用的神奇氣味
酢橘（芸香科）

159 可讓身體細胞保持活力的氣味
臭橙（芸香科）

161 同樣是蒎烯，味道卻清爽宜人
茗荷（薑科）

165 湯品跟親子丼的絕佳配角
但要小心會提升食慾！
鴨兒芹（繖形科）

167 葡萄酒怎麼會有胡椒香？
胡椒（胡椒科）

171 引發話題的世界級香辛料新功效
山葵（十字花科）

176 成分跟山葵一樣
卻只能用在關東煮跟冷麵上
芥菜（十字花科）

第七章　藏在臭味裡的祕密

180 名曲〈仙客來的花香〉其實暗指佳人？
仙客來（報春花科）

183 名稱與氣味都很不雅
開花模樣卻風姿綽約
雞屎藤（茜草科）

185 氣味不討喜，卻是三大民間用藥之一
魚腥草（三白草科）

188 臭得有理的腐肉味
大王花（大花草科）

190 腳臭味、腐肉味、老人味……
可怕氣味三重奏
巨花魔芋（天南星科）

192 為何昆蟲都會掉入這個陷阱呢？
萊佛士豬籠草（豬籠草科）

195 找到罪魁禍首了！
讓人眼淚掉不停的氣味
洋蔥（石蒜科）
199 喜歡跟不喜歡就差在嗅覺受器
香菜（繖形科）
202 只有人類跟浣熊會吃銀杏？
銀杏樹（銀杏科）

第八章 保護自己和同伴的氣味

206 以祕密結社方式維繫的防蟲功能
皇帝豆（豆科）
208 隱含求救訊號的氣味
高麗菜（十字花科）
210 成為共生植物以保護同伴
薄荷（唇形科）
214 被蟲子或鳥類啃食就會向同伴示警
番茄（茄科）
216 櫻花樹的葉子是天然防蟲劑
櫻花樹（薔薇科）

222 後記
225 作者簡介
226 參考文獻
230 氣味成分與主要作用
237 索引

第一章

回春與減重的香味

「想要看起來很年輕」、「想要輕鬆減重」、「想要預防失智」……我們總是想要得太多。是不是有什麼香味能幫我們實現願望呢？

足以代表秋天的味道，減重效果備受矚目！

丹桂（木犀科）

開出黃色小花的丹桂散發出的甜美香氣被譽為「秋天的味道」。丹桂原產於中國，學名為「Osmanthus fragrans」。

所謂學名，是由植物的「屬名」與顯示該植物特徵的「種小名」所構成。屬名即為生物分類學上的一個階層——「科」之下的群體名稱。

「Osmanthus」表示木犀科，由希臘文的「香味（osme）」與「花（anthos）」組成。「fragrans」意即散發馨香，故「Osmanthus fragrans」就是指散發馨香的花朵；其一般英文名稱「fragrant olive」指的也是散發出橄欖般氣味的樹，可知其香味頗為濃郁。

丹桂在江戶時代傳入日本，由於是會開出黃色花朵的木犀科植物，因此又被稱為「金木犀」。同樣的道理，開出白花的則被稱為「銀木犀」。

至於為什麼會以犀牛的「犀」字用在植物上，據說是因為木犀樹皮跟犀牛的皮膚很像。

丹桂在中國又稱為「九里香」，意即花香可傳九里之遠。1里是400～500公尺，由此可知，丹桂到秋天時散發的香氣可傳到距離3600～4500公尺遠的地方。由於香氣如此濃郁，丹桂跟春天的沈丁花、初夏的梔子並稱為「三大香木」。

在使用汲取式廁所的年代，丹桂常會被種在公園等處的公廁旁。因為其香味濃郁，可以蓋住廁所的味道。

丹桂飄香被譽為秋天的氣息，往往讓人以為其花期長達整個秋季。然而，丹桂的花期其實相當短，以我住的關西地區來說，一般只會在十月上旬開花10天左右。這麼看來，特地種了丹桂來蓋住廁所的味道，卻只有短短幾天的除臭效果，實在太不划算了。

廁所演變成水洗式後，人們便不再以丹桂作為芳香劑，而是改成薰衣草等花香。

那麼，丹桂的香味還能有什麼作用呢？

其實，丹桂可望帶來減重效果。大阪大學與佳麗寶化妝品集團的研究團隊在二〇〇七年三月發表的研究結果中，證明了丹桂的香味具有減重效果。

這項研究用沾染了丹桂花香的飼料連續餵食大鼠25天。結果發現，與飼料並未沾染丹桂花香的大鼠相比，這些大鼠的體重降為九成。不僅如此，若將沾染了香味的紙片放在籠子下30分鐘，大鼠的「食慾激素」就會減少，進食量跟飲水量也會減少。

食慾激素（orexin）這個字源自希臘文的「食慾（orexis）」，顧名思義可促進食慾。而嗅聞丹桂的香味，食慾激素的量就會減少，導致食慾不振，所以能防止體重增加。

為了弄清楚食慾激素減少是否真由香味造成，研究人員將硫酸鋅水溶液滴進大鼠的鼻子裡，讓大鼠在失去嗅覺的情況下進行實驗。結果顯示，失去嗅覺的大鼠就算聞了丹桂的香味，食慾也未受到抑制。因此25天過後，正常大鼠的體重約比失去嗅覺的大鼠少了一成左右。

另外，研究團隊還進行了以10名20多歲至40多歲女性為對象的實驗。研究人員讓其中5人在胸前口袋裡放入沾染丹桂花香的紗布，為期12天。胸前口袋就在鼻子下方不遠處，這樣容易聞到丹桂花香。

跟並未在胸前口袋放入沾染丹桂花香紗布的5人相比，這5人吃東西比較有飽足感，體重跟體脂肪都有減少的傾向。具體而言，這5人的平均體重少了1.4公斤，對照組只減少了0.2公斤。總而言之，從鼻子吸入丹桂花香，會造成食慾激素減少、食慾減退。

丹桂花香具有這種效果，在於其主要成分γ－癸內酯（γ-decalactone）與芳樟醇（linalool）。芳樟醇是梔子等帶有甜美香氣的花朵會含有的成分，相關作用請參考梔子章節（44頁）。

丹桂花香可以飄散到很遠的地方。就算我們所處的位置看不到花，也能聞到香氣。這麼一來，丹桂應該會招來許多蜜蜂或蝴蝶吧？

不過，在日本其實幾乎不會有昆蟲被丹桂吸引，很多昆蟲甚至不喜歡而會避開。據說會被吸引的，只有細扁食蚜蠅、木樨卷葉綿蚜，以及女貞卷葉綿蚜等少數幾種昆蟲而已。

負責傳粉的昆蟲種類不多，授粉照理會進行得很有效率。不過丹桂作為雌雄異株的植物（雄株開出雄花以產生花粉、雌株開出雌花以產生種子），在日本卻只有雄株而已，因此並無法結籽（編註：會採用扦插繁殖）。

丹桂散發出甜美香氣時，往往會讓人感覺到秋天的空虛寂寥。其無法結籽結果的遺憾，似乎就寄託在這股香氣裡。

永垂不朽的美麗傳說——埃及豔后的保養祕方

薔薇（薔薇科）

薔薇在西方世界裡被譽為「花中之王」。薔薇屬的植物包含許多園藝品種，是用原產於歐洲或中國的薔薇進行交配，歷經多次品種改良而成。

大家都知道要在母親節那天懷著感謝與敬愛之情致贈康乃馨，卻鮮少知道父親節要送薔薇。這對薔薇來說，或許有些遺憾呢。

薔薇花香中含有多種成分，主要成分有香葉醇（geraniol）、香茅醇（citronellol）及芳樟醇等。這些成分都能讓我們心情開朗，感覺自己充滿活力。

據說歷史上最懂得運用薔薇花功效的人，就是埃及托勒密王朝的最後一位法老（古代埃及王的稱號）克麗奧佩特拉。

她跟唐朝皇帝唐玄宗的妃子楊貴妃，以及日本平安時代的歌人小野小町，並列為「世界三大美女」（有些人會以古代斯巴達王后、希臘神話女神的絕世美女海倫，取代小野小町）。

三人當中被認為保養得最年輕、肌膚最漂亮，而且美麗與健康兼具的人，就是克麗奧佩特拉。據說她會在宮殿走廊與房間裡鋪滿薔薇與薔薇花瓣，讓房間裡飄散著香氣。另外，她也很喜歡在浴池裡放入大量的薔薇與薔薇花瓣。

全世界的薔薇品種多於2萬種，其中以味道特別芬芳而聞名的是「大馬士革薔薇」。其學名為「Rosa damascena」，也被稱為「薔薇女王」。「Rosa」指的是紅色，同時也是指薔薇屬；「damascena」則是根據敘利亞首都大馬士革而命名。

薔薇種類繁多，不過大致上可分成3種。一八〇〇年代開始進行人工繁殖後培育出的雜交種稱為「現代薔薇」，在那之前培育出的品種稱為「古典薔薇」，而從以前就自然生長繁衍的則是「原種薔薇」。

據說大約西元前五〇〇〇年，就有人在美索不達米亞一帶開始栽種薔薇了。克麗奧佩特拉喜歡用的是味道特別芬芳的薔薇，推測應該是古典薔薇中的大馬士革薔薇。

目前已知大馬士革薔薇的香味有舒緩疼痛的止痛效果。位於伊朗首都德黑蘭的伊朗醫科大學就曾在研究中指出，大馬士革薔薇的香味可幫接受剖腹產手術的婦女緩解疼痛。

另外，位於伊朗古城哈馬丹的哈馬丹醫科大學，在二〇二〇年以120名全身燒燙傷的患者為研究對象，結果顯示，大馬士革薔薇的香味可減輕燒燙傷造成的疼痛。

長谷川香料股份有限公司在二〇一六年找出大馬士革薔薇的木質調香味成分——莎草薁酮（Rotundone）。相關說明請參考胡椒章節（167頁）。

毒性雖強，但香味對容易便祕的人有益

鈴蘭（天門冬科）

鈴蘭的原產地廣布北半球。日本本州中部的高原與北海道平地便有鈴蘭聚集叢生，初夏會開出許多白色小花。

其學名為「Convallaria keiskei」，「Convallaria」意即山谷百合；「keiskei」則取自江戶時代末期至明治時代初期知名的東京帝國大學植物學家伊藤圭介博士之名。伊藤圭介博士是日本首位理學博士，以翻譯出雄蕊、雌蕊、花粉等日文詞彙而聞名。

在歐洲，五月一日是「鈴蘭之日」，人們有互贈鈴蘭的習慣。據說一五六一年的五月一日，法國國王查理九世收到宮女送的鈴蘭花束非常高興，這件事就是鈴蘭之日的起源。後來查理九世為了讓宮廷裡的女性員工也能感受到這份喜悅，決定在每年的五月一日致贈鈴蘭，從此歐洲就有「只要在五月一日送出鈴蘭，一整年都會很幸福」的習俗，近年來則演變成「收到鈴蘭花就會招來幸福」，而不僅限於五月一日這天。

鈴蘭花的顏色為純白或淡粉色，花開時俯首般的模樣十分惹人憐愛，因此在歐洲被稱為「聖母之淚」，在日本則有「君影草」等別稱。另外，由於花期是在嚴冬過去、初春來臨之際，英文裡又有「幸福歸來（Return to Happiness）」的說法。

從鈴蘭那楚楚可憐的模樣，很難想像其根莖葉花都含有毒素。其毒素名稱根據鈴蘭的屬名「Convallaria」取名為「鈴蘭毒苷（convallatoxin）」，「toxin」在英文和德文中都指毒素。

大家可能會想：「不會有人把鈴蘭拿來吃吧？」然而，鈴蘭冒出嫩芽的模樣跟日本東北地方的「山野菜之王」——茖蔥長得很像，很容易被誤食。

鈴蘭與薔薇、茉莉並稱為「三大花香調（floral note）」。「floral」指花，「note」則是氣味或味道之意。加入紫丁香，則為「四大花香調」。

鈴蘭花香無毒，且是多種香水的基底，被稱為「muguet」，因為香水大國法國便以此稱呼鈴蘭。據說鈴蘭花香能帶來安定心神、平靜身心的效果。

一般來說，香味是由好幾種成分混合形成，不會只有一種成分。鈴蘭花香也不例外，主要成分有香茅醇、香葉醇及芳樟醇等。看到這裡，各位可能會疑惑：「明明聞起來跟薔薇不同，怎麼是同樣的成分？」其實關鍵在於含量與比例並不相同。氣味會因其中所含的微量成分而產生些微差異，而這些微量成分還有很多尚未為人所知。

二〇二〇年，英國倫敦大學與義大利卡拉布里亞大學共同研究並指出，鈴蘭花香中含量最多的成分——芳樟醇，具有促進人體腸道舒展的效果。

研究團隊首先從人體中取出腸子，將之浸在與活體成分相似的液體中，然後分別在液體中加入芳樟醇、檸檬烯（limonene）及乙酸芳樟酯（linalyl acetate），並偵測肌電訊號，藉此得知腸子的舒展和收縮狀態。結果顯示，芳樟醇促進腸道舒展的效果最好，其次依序為檸檬烯、乙酸芳樟酯。

氣味會對人體內的腸道運作造成影響這點雖然出乎意料，但以前其實就有人以天竺鼠與大鼠等動物做研究，提出芳樟醇具有促進腸道舒展的作用。

腸道透過反覆舒展與收縮來排便，稱為「蠕動」。腸道用力收縮，主要是受到交感神經分泌的腎上腺素所影響。腎上腺素又稱「戰鬥或逃跑激素」，顧名思義當處於戰鬥或逃跑狀態時，就會大量分泌。這兩個行為看似完全相反，但都是個體要拚命讓自己活下去的緊急狀況。

芳樟醇會抑制腎上腺素作用，避免腸道收縮並使其舒展，故含有芳樟醇的鈴蘭花香可促進腸道舒展。容易因壓力和緊張而便祕的人，可以利用鈴蘭花香幫助排便順暢。

此外，芳樟醇也能帶來放鬆效果。若生活或工作上長期處於緊張狀態，不妨聞聞鈴蘭花香，讓自己放鬆下來。

聞香就能抗老，小鼠卻對它不屑一顧

香莢蘭（蘭科）

香莢蘭是蘭科香莢蘭屬的植物，原產於中美洲。學名為「Vanilla planifolia」，「Vanilla」表示香莢蘭屬，源自西班牙文的「vainilla（小果莢）」。

香莢蘭為多年生草本植物，會開出黃綠色花朵。雖是有名的香料，但花朵本身並沒有香味。香莢蘭開花1天左右就會凋謝，因此必須在這段時間內授粉結果。香莢蘭的果實長得像豆莢，採收後經日曬、發酵等階段，才會逐漸出現香味。果莢及果莢內的種子，都會散發出香莢蘭的香味。

香莢蘭甜美香氣的成分是香草醛（vanillin），常被用在食品、化妝品及香水等產品中，但僅有少數是自然萃取物，市面上使用的約有九成是人工合成品。

二〇〇七年，有日本人從牛糞中萃取出香草醛，因而獲得第17屆搞笑諾貝爾獎（Ig Nobel Prize）的化學獎並轟動一時（搞笑諾貝爾獎於一九九一年美國創立，以「充滿幽默又發人深省的獨創性研究」為頒獎對象。「Ig」有反向之意，為對後面接續詞彙加以否定的語詞）。

香莢蘭的氣味據說有抗氧化、抗發炎的效果。二〇一九年，川崎醫療福祉大學的研究團隊首次提出香莢蘭具止痛效果。

研究人員讓小鼠嗅聞香莢蘭的氣味，並將小鼠放在熱度不至於燙傷的板子上，結果這些小鼠比沒有嗅聞香草醛的小鼠還慢把腳收回。這表示小鼠變得比較感受不到熱度所帶來的疼痛感。

那麼，小鼠是否跟我們一樣，覺得香莢蘭的氣味很好聞呢？針對這個問題，川崎醫療福祉大學的研究團隊也為我們提供了解答。

他們讓10隻小鼠嗅聞香莢蘭的氣味20分鐘，並另外準備10隻未曾嗅聞氣味的小鼠作為對照。接著在鼠籠一角放置散發香莢蘭氣味的液體，另一角則是擺上一盆水。

若小鼠喜歡香莢蘭的氣味或覺得好聞，應該會跑到有香莢蘭氣味的角落。

不過，跟「放了一盆水的角落」相比，「散發出香莢蘭氣味的角落」的小鼠並沒有比較多。可見小鼠對香莢蘭的氣味沒什麼感覺，或者不怎麼有興趣。

另一研究團隊也採用同樣方式，測試小鼠對咖啡香的看法，結果發現小鼠同樣並不怎麼想去有咖啡香的角落。

具2種燃脂效果的超級水果

葡萄柚（芸香科）

葡萄柚原產於西印度群島，是柑橘類中的柚子與其他柑橘類自然雜交形成的品種。其學名「Citrus paradisi」中的「paradisi」來自「paradise（樂園、天堂）」這個字，因此葡萄柚又被稱為「天堂之樹的果實」；「Citrus」來自拉丁文的「citrus」，意思是枸櫞樹。枸櫞以前是芸香科柑橘屬的某種植物名稱，但後來變成檸檬樹的名稱。

雖然叫作葡萄柚，但無論味道或氣味都跟葡萄不同，所以並不是風味雷同才如此取名的。葡萄柚樹的枝頭上結實纍纍，就像成串的葡萄一樣，故有此名。

據說葡萄柚的減重效果很好。而這個具備減重效果的成分，就是會造成果實有苦味的柚皮苷（naringin），可以帶來飽足感並抑制食慾。不僅如此，葡萄柚的氣味也有助於減重。

如前所述，作為天堂之樹果實的葡萄柚，其清爽的風味又被形容為「天堂的味道」。

二〇〇五年，有研究提出這種氣味可抑制體重增加。

這項研究由大阪大學與新潟大學共同進行。研究團隊先將大鼠依有無嗅聞葡萄柚氣味來分組做實驗。第一週，兩組吃掉的飼料量並無太大差異；但到了第二週，沒有嗅聞氣味組一天大約要吃26公克的飼料，有嗅聞氣味組則要吃25公克的飼料。

接下來的第三、四、五週，有嗅聞氣味組所吃的量逐漸減少。到了第六週，沒有嗅聞氣味組一天會吃掉24～25公克的飼料，有嗅聞氣味組則是22～23公克，食量明顯變小了。

體重則從第三週開始出現差異。6週過後，有嗅聞氣味組的體重就少了約10％。因為所吃飼料逐漸減少，抑制了體重的增加。

這被認為是葡萄柚的清爽風味中含有的檸檬烯所致。近年來已知，檸檬烯可提升「棕色脂肪細胞」的活性。

棕色脂肪細胞活躍時，人就算不運動，也能燃燒脂肪、產生能量，不會有空腹感。除了檸檬烯，芥末辛辣成分的異硫氰酸烯丙酯（allyl isothiocyanate, AITC）、辣椒辛辣成分的辣椒素（capsaicin）、辣椒非辛辣成分的辣椒素酯（capsiate）、薑的薑酮酚（paradol）、咖啡的咖啡因（caffeine）以及青花菜的蘿蔔硫素（sulforaphane）等，也都可以提升棕色脂肪細胞的活性。

此外，葡萄柚中還有另一種具備獨特氣味的物質——諾卡酮（nootkatone）。其氣味據說可以促進脂肪燃燒，所以前面提到的實驗結果也有可能受其影響。

同樣在二〇〇五年，美國芝加哥的嗅味覺療法研究財團的研究人員進行了以下調查。

研究團隊讓中年女性身上帶著香蕉、青花菜、薰衣草或綠薄荷等蔬果花卉的氣味，在男性面前詢問對方：「我看起來像幾歲？」

結果發現，身上帶有這些氣味的人，年齡幾乎都會被猜中；但是身上帶有葡萄柚氣味去問的話，得到的答案都會比實際年齡年輕6歲左右。

但奇怪的是，這在男性身上並不見效。而且研究結果並未提到，究竟是哪種成分帶來這樣的效果。

不過可以預料的是，化妝品或香水若是添加葡萄柚的風味，就能讓女性看起來年輕幾歲。

具回春效果的氣味連記憶力都能改善

迷迭香（唇形科）

近年來很流行蒔花弄草，使我們的生活周遭多了不少香草植物。其中最具代表性的就是薰衣草，不過迷迭香也不遑多讓。

薰衣草和迷迭香都是原產於地中海沿岸地區的香草植物。迷迭香的學名為「Rosmarinus officinalis」。「Rosmarinus」表示迷迭香屬，由拉丁文的「ros（水珠）」與「marinus（海洋）」組成，意即海洋之露，大概是因為其花瓣的樣貌吧；種小名「officinalis」在拉丁文中則為藥用之意。

迷迭香是唇形科迷迭香屬的常綠植物，綠色的葉片具有光澤且一年四季都會生長，因此象徵著「永遠的愛」。其特有的氣味成分，因其屬名而被命名為「迷迭香酚

（rosmanol）」。

迷迭香的日文漢字為「万年朗」。據說是因為氣味濃郁且一直散發馨香，應為「万年香」的誤傳，意思是經過一萬年仍會散發香氣。

寫於一六〇〇年代的莎士比亞戲劇《哈姆雷特》中曾提到迷迭香。主角哈姆雷特的妻子人選——年輕的女貴族歐菲莉亞，對哈姆雷特說「別忘了我」並致贈迷迭香，後來歐菲莉亞被人發現溺斃於河中。

迷迭香的花語「回憶」，不知道是因此確立還是原就如此，但一般認為從以前就有「回憶」、「勿忘我」的涵義，因為古埃及人會在棺材裡放入迷迭香枝條，讓木乃伊不會腐化。

此外，迷迭香經常作為香辛料，用於烹煮肉類食材。

說到迷迭香的成分，常被提到的是具備抗氧化作用的鼠尾草酸（carnosic acid）。鼠尾草酸可以保護腦部與神經，有助於預防阿茲海默症等神經系統疾病，因此有許多學者從事相關研究。不過鼠尾草酸難溶於水，能到達腦部的量很少，故至今未能實際應用。

以迷迭香氣味來說，從鼻子吸入鼠尾草酸是到達腦部的最短路徑，但遺憾的是鼠尾草酸不具揮發性，無法透過氣味來攝取。

另一方面，據說迷迭香氣味可增強記憶力。根據近期研究報告指出，這具有一定的可信度。

英國泰恩河畔新堡的諾桑比亞大學，在二〇〇三年發表一項研究，讓144名健康受試者（平均年齡為24歲）分為3組：嗅聞迷迭香氣味組、嗅聞薰衣草氣味組、都不嗅聞組。

在檢測記憶力前，研究團隊會先讓前兩組受試者聞5分鐘，會場還會提供迷迭香、薰衣草及無臭的氣味瓶，讓受試者在進行測試時也能嗅聞。

檢測項目為工作記憶、長期記憶與專注力。工作記憶即依序記住事情的記憶力；

長期記憶即能否長時間記得某事的記憶力。檢測專注力時，則會請受試者做簡單的加減乘除。

結果發現，迷迭香氣味組這3種能力都會提升；薰衣草氣味組與都不嗅聞組，則未觀察到任何變化。

這是因為什麼成分所致呢？迷迭香的氣味成分會因栽種區域或土壤等因素而有所不同，不過其中含量最多的是乙酸龍腦酯（bornyl acetate）。

針葉樹也含有許多乙酸龍腦酯。這跟接下來會提到的蒎烯（pinene）都被稱為森林香氛，由於味道清爽，常被用於製造香皂、入浴劑或芳香劑。目前已知，嗅聞乙酸龍腦酯可舒緩緊張並有助於入眠。

次多的成分是桉樹醇（cineole），又稱桉葉油醇。尤加利樹的葉子就以含有大量桉樹醇為人所知。桉樹醇具備抗病毒與抗菌效果，常用於製造護手霜等產品。

下一個含量較多的成分便是蒎烯，氣味具有清涼感，常用於製造化妝品、廁所芳香劑等產品。

另外，迷迭香也被譽為「回春香草」，據說是因其成分從很久以前就被當成回春水使用。只要用酒浸泡迷迭香並低溫保存，其成分就會釋出。

傳聞匈牙利王后用了回春水後變得非常年輕，甚至還嫁給小她50歲的男性。雖然不知這個故事是否為真，不過迷迭香萃取液的英文名稱便是因此命名為「匈牙利之水（Hungary Water）」。迷迭香真是令人敬畏啊！

受歡迎的橙花精油主要成分

苦橙（芸香科）

苦橙原產於印度東部的喜馬拉雅地區，與檸檬、萊姆並列為世界三大香酸柑橘類。香酸柑橘類即香氣濃郁且帶有酸味的柑橘類，一般不會直接食用。苦橙的學名為「Citrus aurantium」，「Citrus」表示柑橘屬，如葡萄柚章節（29頁）所介紹，「Citrus」據說來自拉丁文的「citrus」，意即枸櫞樹。「aurantium」則是指果實顏色，也就是橘黃色。

苦橙的果實在歐美稱「sour orange」，用於製作柑橘醬。由於少有病害發生，嫁接柑橘類果樹時往往會被當成砧木使用。苦橙帶有苦味，因此又稱「bitter orange」。

苦橙在鎌倉時代從中國傳入日本，如今日本與西班牙並列為全球二大產區。

苦橙會在夏天開出白花，冬天果實成熟後就變成橘黃色。若不採收、讓果實繼續掛在枝頭上，到了隔年夏天，果實就會變回綠色，稱為「回青現象」；到冬天又會變成橘黃色。這種現象會重複兩三年，因此同一棵樹上會有第一、二、三代等世世代代的果實，所以苦橙又被叫作「代代橙」。

代代橙又可延伸出「代代繁榮」之意，讓人聯想到子孫興旺、長命百歲等好兆頭，因此苦橙常被當成春節期間的擺飾。其實鏡餅上面原本該放的就是苦橙，而非溫州蜜柑。

廣為人知的香氛產品「橙花精油（Neroli oil）」，就是用苦橙花萃取而成。橙花精油的香味被譽為天然鎮靜劑，常被用在芳香療法中，可讓人找回內心的平靜。

橙花精油的名稱源自17世紀末義大利布拉恰諾湖湖畔小鎮的內蘿拉公主（Nerola），她很喜歡用這種味道的精油。時至今日，那座小鎮仍有大片的苦橙花田，從四月下旬到六月上旬都有盛開的苦橙花可欣賞。

長崎大學生物醫學科學研究所進行過一項研究，包含橙花精油在內的10種植物香味能否促進催產素分泌。

女性哺乳時，會分泌大量催產素。催產素除了常用於促進分娩，還是能讓人保持年輕的荷爾蒙，且跟血清素一樣可帶來幸福感。

這項研究有15名停經後的女性參與。這10種植物分別是薔薇、甜橙、薰衣草、苦橙、乳香、茉莉、依蘭、德國洋甘菊、鼠尾草以及檀香。

結果發現，有6種香味可以增進唾液中催產素的分泌，分別是苦橙的橙花精油、薰衣草、茉莉、德國洋甘菊、鼠尾草以及檀香。二〇二〇年三月，團隊發表了研究成果，表示停經後女性常見的肌膚老化和鬆弛等問題，可望藉由這些香味來預防。

苦橙的果皮與味道都含有辛弗林（synephrine）。目前已知，將辛弗林當成藥物使用，會對人體的交感神經造成刺激、帶來興奮效果，因此在運動禁藥的檢測中被列為禁藥。

運動禁藥可分成3大類。第一類是隨時禁用且不可使用的藥物，第二類是只有在賽內期間禁用的藥物，第三類則是特定運動項目禁用的藥物。

辛弗林被指定為第二類藥物，結構略有不同的甲基辛弗林（methylsynephrine）則被列為第一類藥物。不過禁藥名單每年都會調整，因此參加有禁藥檢測的比賽就必須掌握最新資訊。

除此之外，據說辛弗林也能提升分解脂肪的酵素——解脂酶（lipase）的活性。促進脂肪代謝可帶來減重效果，所以保健食品等產品中會添加這種成分。

第二章

充滿色香誘惑的催情香味

蜜蜂、蝴蝶被花朵顏色與香味吸引而翩翩起舞，一副幸福模樣。而對我們人類來說，要是有一種香味能夠撫平心中創傷並帶來幸福感，那就太好了……

甜美香氣中的強效催情成分

梔子（茜草科）

梔子作為三大香木之一（另外兩種為丹桂、沈丁花），初夏時分綻放的花朵會散發出甜美香氣，正如渡哲也先生的知名歌曲〈梔子花〉所描述的一樣。

梔子是原產於日本、中國、台灣與東南亞等地的茜草科植物。茜草科其實並不罕見，咖啡樹也是這一科的植物，所以梔子的花葉與咖啡樹很相似。

其學名為「Gardenia jasminoides」。「Gardenia」會讓人想到「garden」，常被誤以為是種在庭院裡的意思，不過這名稱其實是來自18世紀美國博物學家加登先生（Alexander Garden, 1730－1791）的姓氏；「jasminoides」則為如同茉莉花般之意。

梔子當初是經由南非共和國的開普敦（Cape Town）傳入歐洲，故英文名為「cape

jasmine」。「jasmine」有如同茉莉花般散發香氣之意。

梔子在六月至七月會開出白花，花瓣一般分成6片，偶爾會是5片或7片。近年來有許多重瓣品種。花語是「我很幸福」，另外也有伴隨香味「帶來喜悅的花」這樣的說法。

梔子在埼玉縣八潮市、靜岡縣湖西市、奈良縣橿原市、愛知縣大府市等地都被選為「市花」，在沖繩縣南城市則被選為最具代表性的「開花樹木」。

三大香木飄香的季節各不相同，無法同時嗅聞以分辨香氣。三者主要的氣味成分如下：丹桂為γ－癸內酯與芳樟醇、沈丁花為瑞香素（daphnin）與芳樟醇、梔子花為芳樟醇與乙酸苄酯（benzyl acetate）。

芳樟醇是橄欖科植物墨西哥沉香（linaloe）富含的酒精成分，英文名稱「linalool」即加上表示酒精的字尾「ol」而成。京都大學的研究團隊在二〇一〇年發表了合成這種物質的基因。

乙酸苄酯近似茉莉花香。依蘭所散發的催情香主要成分即為乙酸苄酯；白梅也以富含乙酸苄酯而聞名。乙酸苄酯的味道清爽宜人，常被用於製造日用品等，如：香水、化妝品、香皂、洗衣精、寵物洗髮精等。

國際日用香精香料協會於二〇一二年統整的報告內容顯示，從一九六一年到一九九五年至少有21篇探討乙酸苄酯是否會對人體造成危害的文獻。這還不包含主要以大鼠、小鼠、天竺鼠或兔子進行的乙酸苄酯毒性試驗相關論文。

這些研究結果顯示，適當濃度的乙酸苄酯對健康無害。舉例來說，有項研究是在122名健康受試者（日本人）的皮膚上塗抹乙酸苄酯，調查皮膚是否會發癢。結果只有1人皮膚發癢，121人沒有任何異常。

不只是果實好吃而已，苯乙胺可是愛情魔藥

栗子樹（殼斗科）

栗子樹除了日本原產，還有原產於中國、美國及歐洲的品種。日本栗的學名是「Castanea crenata」，屬名「Castanea」來自希臘文的「kastaneon」，意思是栗子樹；「crenata」則指葉緣呈鋸子般的鋸齒狀。此外，日本栗的英文名稱是「Japanese chestnut」。

栗子樹在西班牙文中稱為「castaña」。一種名為卡斯塔內斯（castanets）的樂器以前就是用栗子樹製作，其形狀跟栗子相仿，故在「castaña」後加上表示果實的「nut」命名。要是看到栗子像是打開的卡斯塔內斯般裂成兩半，就能理解這個說法了吧。

栗子也被叫作「marron」。這原本是指歐洲七葉樹的果實，可用於製作糖漬栗子（marron glacé），但後來改用栗子製作後，栗子也就有了「marron」的稱呼。附帶一提，栗子也是用於製作西式甜點「蒙布朗」的材料。

栗子裹得密密實實的，靠著「總苞」保護自己，成熟後裂開還有光滑堅硬的果皮保護，就算剝除果皮，也有種皮包著。種皮的成分為單寧（tannin），這種澀味成分跟澀柿的澀味成分一樣。

以前就有人說栗子花香聞起來像精液。精液中有精胺（spermine）、亞精胺（spermidine）等會散發獨特氣味的物質，其名稱就來自英文裡的精子（sperm）。

栗子花是否含有精胺、亞精胺等成分呢？根據中國的北京林業大學在二〇〇七年提出的報告，栗子花的氣味成分主要有苯甲醇（benzyl alcohol）、橙花醇（nerol，橙花精油中的氣味成分）、芳樟醇及松油醇（terpineol）等。

苯甲醇是茉莉花等花中含有的甜美香氣，橙花醇與芳樟醇為花香，松油醇則是一種清爽的香氣。所以並沒有找到精胺或亞精胺。

中國江西省的東華理工大學在二〇一九年用更精確的方式調查了栗子花香，又找出20種氣味成分：吡咯啉（pyrroline）、1－哌啶（1-piperidine）、2－四氫吡咯酮（2-pyrrolidone）等，但均未顯示含有精胺、亞精胺等精液成分，所以有可能是許多成分混在一起而形成類似精胺和亞精胺的味道。

研究人員還在栗子花香中找到苯乙胺（phenethylamine）。我們平常吃的食品中也會添加這種風味，如：可可、巧克力、紅酒、起司、糖果、冰淇淋、無酒精飲料等。

據說苯乙胺是人們墜入愛河時會釋放的微甜香氣，可以讓人們變得欣喜雀躍，因此又稱為「戀愛催化劑」。

事實上，跟苯乙胺結構相仿的甲基苯丙胺（methamphetamine），就是因為會左右人們的情感與行動而被視為毒品，受到嚴格管制。另外，甲基苯丙胺也被用於治療睡眠障礙（嗜睡症）或當成抗憂鬱藥使用。

梅樹（薔薇科）

分析過這種馥郁香氣後，才知道是年輕女性身上的味道

雖然有人說梅樹原產於日本，不過一般認為中國才是原產地。其學名是「Prunus mume」。「Prunus」表示梅屬，「mume」則是梅樹在日本的舊稱。若將梅樹納入杏屬，學名就會是「Armeniaca mume」。

奈良時代以前的日本就已經有人栽種梅樹。梅樹傳入日本時，「梅」字的中文讀音被轉換成「mume」，後來又演變成「ume」。梅花在春天率先開花，就像在預告春天來臨一樣，故有「春告草」這個別稱。

梅樹的英文名稱為「Japanese apricot」或「Japanese plum」。「apricot」是杏、「plum」則是李，這是因為梅樹的果實跟這兩者長得很像的緣故。

梅花與梅樹自古就受到許多人喜愛，無論是繪畫、詩歌還是生活中都隨處可見。現存最古老的和歌選集《萬葉集》（8世紀後半）收錄的約4500首詩歌中，登場的植物有160種左右。其中出現次數最多的是胡枝子，約140首；其次就是梅樹，有118首。

日本現今的年號「令和」就跟梅樹相關，典故便出自《萬葉集》。

「馥郁」一詞常用於形容濃厚的高雅香氣。在許多芬芳花朵中，最適合這個詞彙的可說是梅花了。

不過，白梅與紅梅的氣味並不相同。白梅花香中有很多乙酸苄酯（這也是茉莉花跟依蘭的香味），紅梅花香裡則有許多苯甲醛（benzaldehyde）。而兩者都有丁香酚（eugenol）。

白梅與紅梅的花香不同，是透過氣味分析儀發現的。各位不妨挑戰看看，閉著眼睛站在白梅跟紅梅前面，有沒有辦法只靠氣味來分辨呢？

關於梅子的香味，在梅子的最高級品種——南高梅的產地，也就是和歌山縣日高郡南部町的梅林，有「一目百萬，香傳十里」的美譽，意思是放眼望去梅樹多達百萬株，香氣可傳到十里（大約40公里）之遠。

不僅香氣可飄散至遠方，從香氣品質來看，此地的梅子香氣也別具一格。尚未成熟的梅子的主要氣味成分是苯甲醛，不過隨著梅子逐漸成熟，苯甲醛的量會變少，具甜美香氣的γ－癸內酯的量則會增加。

樂敦製藥股份有限公司於二〇一七年進行過一項實驗，從50名10幾歲到50幾歲的女性穿了24小時的衣服中擷取氣味，發現10幾歲到20幾歲的女性身上有著35歲以上女性所沒有的甜美香氣。經調查，這種年輕女性特有的香氣就是γ－癸內酯的氣味。

研究人員接著讓52名女性嗅聞這種氣味，她們都認為這個味道聞起來「很有女人味」、「很青春」。今後若是要推出以「女人味」為賣點的香皂或洗髮精，想必會添加這種香味吧。

不僅開花時嬌豔無比，
香氣飄散的時刻也不容錯過

曇花（仙人掌科）

曇花原產於墨西哥至南美洲一帶。夏季晚上10點左右，曇花又白又大的花朵會慢慢開展，並散發出甜蜜香氣。這樣的風雅為其博得「月下美人」之稱。

曇花花蕾一旦綻放，就會飄散出濃郁甜香；不過在含苞待放時，卻幾乎沒有任何味道。

原因推測有幾個：第一種可能是香味藏在花蕾中。也就是說，由於花瓣緊閉，香味便被封在其中，不會飄散出去。若是如此，只要把花瓣撥開，香味應該就會向外飄散。然而在花蕾綻放前，無論如何小心翼翼地撥開花瓣，也不會有香味飄出。

第二種可能是，花蕾一綻放就會製造出香味。不過，香味的成分大多是結構複雜的物質，需要好幾個階段的反應才能製造出來，不是在花蕾綻放的短時間內就能製造的。

第三種可能是，花蕾中已經製造出馬上就能變成香味的物質，只是這個物質不會飄散出去。實際上，這個會變成香味的物質的確附有多餘的結構。

花蕾中，香味物質會被重物——也就是多餘的結構拉住，處於無法飄散的狀態。移除這多餘的結構後，香味就會開始飄散。換言之，花蕾綻放時重物被移除，香味就會飄散出去。因此，第三種可能是正確答案。

長谷川香料股份有限公司在二〇一四年發表了與曇花香氣有關的研究。研究顯示，曇花開花後3到4個小時期間會散發出最多的氣味成分，接著逐漸減少。曇花一現不僅開花過程值得一看，香氣飄散的時刻也不容錯過。

曇花的氣味成分中含有許多香葉醇、水楊酸芐酯（benzyl salicylate）及水楊酸甲酯（methyl salicylate），這些都是高雅的甜美香氣。

香葉醇以薔薇花香的成分而聞名，也是茶的甜美香氣與山椒果實的氣味成分。

水楊酸苄酯是百合等植物中含有的氣味成分，氣味高雅。此外，因為具備防蟲效果，常被當成除蟎的氣味成分使用。

水楊酸甲酯有緩解發炎與疼痛的效果，常被用於痠痛貼布中。市面上販售的痠痛貼布有很多種，但幾乎所有商品都會有的痠痛貼布味，其實就是水楊酸甲酯的特殊氣味。

夜愈深就愈香，
無法控制的撲鼻優雅香氣

百合（百合科）

百合跟鈴蘭同樣原產於北半球，原種百合自古以來就生長在日本與歐洲。「百合」是百合科百合屬植物的總稱。其拉丁文學名「Lilium」來自希臘文，意思是白花。

百合的莖很細，卻能開出大大的花朵，所以會隨風擺動。日本人用「yusuri（揺すり）」來稱呼搖曳生姿的百合，後來發音出現變化而成為「yuri」，日文漢字寫成「百合」。這是因為百合球根看起來就像是重重疊疊的上百片花瓣。

百合自古就與人類關係深厚，聖經裡也將其視為「美」與「繁榮」的象徵而多次提及。中世紀歐洲的文藝復興中心地——義大利佛羅倫斯的市徽，直到今日仍是百合花。

另外，文藝復興時期的畫作常以百合花作為聖母瑪麗亞的象徵。白百合代表「純潔」，因此基督教的教堂與祭壇也會用百合作為裝飾。

原產於日本的百合，以風格獨特而被譽為「百合之王」的山百合最具代表性。另外一個據說也是原產於日本的品種——鐵砲百合亦可作為切花（編註：剪下花枝等作為裝飾）使用，許多庭院與花圃也都會種上鐵砲百合。鹿子百合也是日本的原生物種，其粉紅花瓣上有著鮮明的紅斑，花語為「高雅」。

大約在150年前，鹿子百合曾在歐洲掀起一陣風潮。據說是因為江戶時代，以位於長崎出島的荷蘭商館專屬醫師身分來日的德國醫生——西博德，將百合球根帶回歐洲，並用於基督教的復活節活動中。自此，不光是鹿子百合，就連日本百合、袂百合等日本品種也在歐洲大受歡迎，甚至還有「日本是蘊藏百合的寶庫」這樣的說法。一九〇〇年代有段時期，日本出口量最多的商品是絲綢，其次就是百合了。

這些原產於日本的百合經過雜交育種，在荷蘭培育出「卡薩布蘭卡（Casa

Blanca)」。這個名稱在西班牙文裡是指「白色的（blanca）房子（casa）」。這種百合的花朵相當大，稱之為「百合之王」也不為過，不過大概是因為那幽雅的香味，其被稱為「百合女王」。然而，這種百合的香味太過濃郁，在餐廳、婚宴場地等地方會喧賓奪主、蓋過食物的香味，因而不受餐飲業喜歡，甚至還開發出藥劑，可讓百合從切花切口吸收以去除花香。

卡薩布蘭卡主要含有異丁香酚（isoeugenol）、苯甲醇、芳樟醇及順式－β－羅勒烯（cis-β-ocimene）等氣味成分，但並非一直會散發出花香。

二〇一一年，當時的農業食品產業技術綜合研究機構花卉科學研究所，曾針對卡薩布蘭卡會在何時散發出花香進行研究。結果顯示，其會在夜晚散發出更多花香。白天時的香味量較少，約會降至夜晚的30～50%。學者認為，這是為了配合會被花香吸引的昆蟲活動時間。

另外，其香味量也會隨著開花天數產生變化。卡薩布蘭卡的花在開花第二、三天會釋出最多香味，第五天就會降到50％左右，到第六、七天又會降得更多。

除此之外，其香味品質也會隨之變化。剛開花時的香味中含有許多芳樟醇、順式－β－羅勒烯等味道清新的氣味成分，接著會逐漸轉變成異丁香酚的甜香。

該研究所也針對如何讓花香變得淡雅進行研究。結果顯示，只要阻礙花朵中的苯丙胺酸裂解酶（phenylalanine ammonia-lyase）發生作用，就能阻止百合花合成氣味成分。將切花浸在加了抑制劑的液體中24個小時，香味量就會在48個小時後降至十分之一。就算過了一週，氣味成分仍會被控制在未做任何處理時的10～20％左右。

此外，將切花浸入藥劑的時間點也很重要，需在未開花前處理才可發揮效果。研究人員也有考量濃度問題，使用低濃度藥劑，讓花朵外觀不會有任何影響，只會對香味產生抑制效果。這個抑制香味的方法不但簡單，費用也不高，所以已經真正拿來實際運用。

新婚之夜不可缺少的催情香

依蘭（番荔枝科）

世上確實存在催情香，那就是名為「依蘭」的花香。其名「ylang ylang」源自他加祿語，意即花中之花。依蘭樹的高度可達15～20公尺，原產於印尼的摩鹿加群島，學名為「Cananga odorata」。

依蘭花香具有催情效果，因此當地人會在新婚夫妻過夜的房裡撒上這種花。其氣味成分主要有苯甲酸苄酯（benzyl benzoate）、芳樟醇、苯甲醇及乙酸苄酯等。乙酸苄酯的相關說明，請參考梔子章節（44頁）的內容。

二〇一六年，中國上海的交通大學針對依蘭花香中的苯甲酸苄酯、芳樟醇及苯甲醇進行研究。研究人員讓小鼠分別嗅聞這3種成分，並測量多巴胺與血清素的量。

多巴胺又稱「激發動機的荷爾蒙」，可提升意願與動機。嗜賭成性或有毒癮的人，就是處於腦內多巴胺過多而無法靠理性控制的狀態。另一方面，血清素又稱「幸福物質」，具有消除焦慮的效果。相關說明請參考薰衣草章節（141頁）。

這項研究進行了3項實驗。第一項實驗是可自出走動的曠野實驗，研究的是自發性行為。當小鼠非常焦慮不安時，就不太會到處走動。

第二項實驗是設置明暗箱，觀察小鼠會長時間待在何處。以小鼠的習性來說，應該喜歡待在暗箱中，不過當小鼠不再焦慮或受冒險精神與好奇心驅使，待在明箱裡的時間就會變長。

第三項是十字實驗。以有加蓋的通道與未加蓋的明亮通道組成十字，讓小鼠在其中自由走動。當焦慮情緒緩解或受冒險精神與好奇心驅使，小鼠待在未加蓋明亮通道的時間就會變長。

結果顯示，嗅聞過依蘭花香的小鼠，在曠野實驗中的活動範圍較大，在另外兩個實驗中也表現出焦慮緩解後的行為。

接著將小鼠放入箱子裡10分鐘，分別嗅聞依蘭花香中的3種香味（苯甲酸芐酯、芳樟醇、苯甲醇），然後立刻測量其多巴胺與血清素的量，會發現苯甲酸芐酯不但能增加血清素的量，還能抑制多巴胺的量。但奇怪的是，這個效果只會在公鼠身上看到，母鼠並不會。

前面提過，血清素的量增加就會帶來緩解焦慮的效果。由此可知，依蘭花香可以解除公鼠的焦慮，讓公鼠在放鬆狀態下採取行動。

雖然這項研究是以小鼠為對象，不過學者認為，容易膽怯不安的人也能透過嗅聞依蘭的香味來提升血清素的量，並因此果斷地採取行動，只是僅限於男性。

第三章

可帶來放鬆效果的熟悉氣味

要是在生活中能過得自在、睡得安穩，一覺醒來精神飽滿，那就是幸福了。是不是有什麼氣味能為我們帶來這樣的生活呢？

因芳香馥郁而得名

沈丁花（瑞香科）

沈丁花在初春時分會開出高雅脫俗的花朵並散發香氣，彷彿是在宣告春天的到來。其原產地為中國，據說在室町時代傳入日本。學名為「Daphne odora」，「Daphne」表示瑞香屬，「odora」則為芳香之意。

「Daphne」是希臘神話女神的名字，以希臘文來說是指月桂樹。月桂樹為樟科植物，葉片形狀與沈丁花相仿。沈丁花的英文名稱「winter daphne」，翻成中文即為冬之月桂。

說到月桂樹，可追溯至古希臘時代。古希臘人會以其帶葉枝條編織成冠，頒贈給在奧林匹克運動會中勝出的人。

言歸正傳，沈丁花在十二月左右會冒出花蕾、度過寒冬；等到二月底至三月天氣稍稍回暖，就會迫不及待地開花。十幾朵小花組成一個花球，有些花的花瓣內外都是白色，有些則是內白外紫紅，顯得高雅脫俗、讓人印象深刻。

沈丁花與梔子、丹桂並稱為「三大香木」。其濃郁香氣的成分是瑞香素（daphnin），根據「Daphne（瑞香屬）」而命名。由於香氣濃厚，沈丁花又有瑞香、千里香、丁字草等別稱。

其中，「瑞」字有可喜可賀、喜樂之意，意味著祥瑞之香，同時或許也是宣告寒冬過去、春天到來的歡欣之情。

沈丁花在中國又稱「七里香」，意思是花香可傳七里遠。丹桂章節（14頁）介紹過，中國的1里相當於400～500公尺，所以就是可傳到2800～3500公尺之遠。這或許言過其實了，不過初春時這股花香確實可能乘風飄散到遠方。

沈丁花之所以有「丁字草」之稱，是因其花形跟著名的香辛料——丁香（桃金孃科）

很像。丁香除了可當成香辛料，自古也被拿來製作髮油與香包，應用在除臭、防蟲等許多方面。

沈丁花的香味與高級香品——沉香（瑞香科沉香屬）極為相似。沉香不僅氣味芬芳，也有安神助眠的效果，因此被當成漢方藥使用。例如：針對小兒夜啼的家庭常備藥「樋屋奇應丸」就添加了沉香。

沉香樹若是有傷口，就會從中分泌樹脂。樹脂加熱後會散發出香氣，沉香就是依照香味品質來分級的。氣味特別高雅的高品質香木稱為「伽羅」，沉香與伽羅的香氣差異，就連高精密度的分析儀器也無法分辨，因此一般認為兩者之間僅有極少量的分子差異。

沈丁花之名便是從香味相似的「沉香」及花形相仿的「丁香」各取一字而來。

茶樹（山茶科）

氣味成分的源頭是β－櫻草糖苷

茶樹原產於中國，平安時代由遣唐使傳入日本。其學名為「Camellia sinensis」。「Camellia」表示山茶屬，源自將山茶花帶到歐洲的傳教士喬治・約瑟夫・卡梅爾（George Joseph Kamel, 1661－1706）的姓氏；「sinensis」為產自中國之意，所以學名是指產自中國的山茶屬植物。很少有人知道茶樹會開花，其花跟山茶屬的山茶花以及茶梅的花極為相似。

茶樹的葉片是綠茶的原料。綠茶以富含兒茶素（catechin）、楊梅黃酮（myricetin）等多酚類抗氧化物而聞名。尤其是兒茶素，除了是綠茶的澀味來源，也具備很強的殺菌作用。所以從以前就有這樣的說法：「就算走了三里（七里），也要回去喝茶。」

意思是若早上忘記喝茶就出門，途中才想起，那麼不管已經走多遠，都要回去喝茶。這應該是古人從經驗中學到，茶的殺菌作用可避免在陌生旅途中出現水土不服的症狀吧。

此外，從以前就有「喝茶對身體很好」的說法，這其實一點也不假。綠茶含有維生素C與維生素E，且含有胡蘿蔔素這種抗氧化物。近年來，茶葉成分對健康的益處也獲得許多醫學研究證實。

二〇〇八年，京都大學的研究團隊發表了綠茶可抑制癌細胞增生的研究結果。同年，岐阜大學的研究團隊也表示綠茶可預防大腸瘜肉復發。東北大學的研究團隊比較常喝茶與不喝茶的人後，也於二〇一二年發表了喝茶可預防失智的研究結果。金澤大學的研究團隊則是在二〇一四年發表了綠茶可預防失智的看法。

相信各位看到這裡，會心想：「那麼該喝多少茶才行呢？」關於這點，國立癌症研究中心在二〇一五年五月根據調查結果提供了參考答案：一天喝5杯以上的茶對健康有益。

不過，這項研究發表的數據最多就是5杯以上，並未提到一天最多可以喝幾杯。有關這些茶葉成分在醫學上的效果，請參考拙作《植物為何有毒（植物はなぜ毒があるのか）》（幻冬舍）。

日本有項比賽名為「茶香服」，透過茶的色香味來分辨茶種。參賽者會以眼觀色、以口品嚐甘甜苦澀等滋味，並用鼻子品聞香氣。不過，據說拿到滿分的真正高手並不靠味覺，而是靠鼻子來分辨。雖然不知這件事的真假，不過茶的香氣確實相當獨特，會因品種、產地而有所差異。

目前已知，茶香的成分至少有600種以上，特徵主要由葉醇（leaf alcohol）、芳樟醇、香葉醇及吡嗪（pyrazine）等氣味成分的比例來決定。

綠茶富含葉醇，因此具有放鬆效果。此外，覺得茶裡有花香味，是因為其中有鈴蘭花所富含的芳樟醇，以及薔薇花所富含的香葉醇等成分。清新芬芳的茶香，則是受吡嗪影響。

而製造出這些香味的源頭，是名為β－櫻草糖苷（β -primeverоside）的物質。其本身沒有香味，但當茶葉發酵或注入熱水時，各種氣味成分就會從中被製造出來。一經揮發，便會飄散出香味。

二〇一五年有消息指出，由靜岡大學、三得利全球創新中心有限公司、三得利飲料食品有限公司、山口大學以及神戶大學共同研究，已經找到製造β－櫻草糖苷的基因，並因此成為話題。不僅如此，這個基因在新芽中更具活性，這或許就是用嫩芽製成的新茶比較香的緣故。

森林香氛的主角「蒎烯」有助眠功效

松樹（松科）

松樹從很久以前就是人們生活周遭常見的植物。其生長在森林與山區，也會被人們細心地種在庭院、寺院或神社裡，常被描繪成圖、吟詠成詩，甚至有「松之事則習松」等箴言流傳，與人們的生活息息相關。而松樹的原產地，就是日本與中國。

松樹家族以紅褐色樹皮的赤松與灰黑色樹皮的黑松最為有名。這些都是針葉兩針一束的品種，稱為「二葉松」。附帶一提，針葉為五針一束的品種則是「五葉松」。

赤松的英文名稱為「Japanese red pine」，黑松則是「Japanese black pine」。

赤松的學名為「Pinus densiflora」，「Pinus」表示松屬，這個字源自古代歐洲時期使用的凱爾特語的「山（pin）」字，「densiflora」則是密集地開花之意。另外，黑松的學名為「Pinus thunbergii」，「thunbergii」取自將其傳入歐洲的瑞典植物學家通伯格（Carl Peter Thunberg, 1743－1828）的姓氏。

日本五葉松因針葉看起來是帶有光澤的白色，或者因其為白色材質，在英文裡稱為「Japanese white pine（日本白松）」。學名為「Pinus parviflora」，「parviflora」即小花之意。

松樹的英文名稱是「pine」。鳳梨（pineapple）就是因形狀像松樹的果實——松果，而被冠上「pine」。其英文名稱一般唸成pai・na・pl，但其實應該是pine・a・pl才對。

森林裡飄散著許多樹木的氣味，這些味道被統稱為森林香氛，其實主要來自於蒎烯的香味。這是松樹與檜木類樹木具代表性的香味之一。蒎烯（pinene）取自松樹的英文名稱「pine」。除了松樹，柳杉、日本扁柏及大葉釣樟等樹種也富含這種香味物質。

目前已知，蒎烯可為我們帶來放鬆效果、緩解壓力。東京大學農業與生命科學研究所調查了蒎烯是否也會對睡眠造成影響，並在二〇一八年發表其研究結果。

這項研究以8名20幾歲的男大學生為研究對象，讓他們在手腕戴上可偵測花多久時間入睡的儀器，並在嗅聞過蒎烯的香味後調查其睡眠狀態，接著跟未嗅聞任何氣味及嗅聞過薰衣草香味（據說有安神助眠與放鬆效果）的人進行比較。

嗅聞過蒎烯與薰衣草香味的人，入睡所需時間比未嗅聞任何氣味的人來得短。也就是說，蒎烯與薰衣草的香味確實可以帶來放鬆與提前入睡的效果。

另外，嗅聞蒎烯香味的人入睡所需時間，比嗅聞薰衣草香味的人還要短，很快就能睡著。由此可知，蒎烯助眠的效果比薰衣草來得好。

讓龍貓放鬆的安穩巢穴

樟樹（樟科）

樟樹是原產於日本、中國及台灣等地的常綠樹，廣泛分布在日本關東以西區域，尤其是九州地區。日本各地的神社裡，有許多樟樹被視為御神木。在宮崎駿導演的作品《龍貓》中，被龍貓當成巢穴使用的大樹正是樟樹。

樟樹的學名為「Cinnamomum camphora」。「Cinnamomum」是肉桂（桂皮），「camphora」的意思則是樟腦。樟樹的日文名稱「クスノキ（kusunoki）」，據說是由「臭し（kusushi）」簡化而來。

樟樹葉片含有強烈的氣味成分——樟腦，英文為「camphor」，來自樟樹的英文名稱「camphor tree」。

樟腦名稱的由來，可以分開解釋。「クスノキ」的日文漢字可以寫成「楠」或「樟」；而「腦」可用於形容氣味強烈之物，且有重要的中心之意，可見樟腦是樟樹的重要物質。

樟腦氣味會在葉片被蟲子啃食、出現傷口時釋放，藉此擊退害蟲，因此常被用來作為和服、洋裝等衣物的防蟲劑。

樟腦不但有防蟲效果，在醫藥領域上也被當成強心劑使用，可以讓衰竭的心臟恢復功能。作為醫療之用時，會以荷蘭文的「kamfer」或德文的「kampfer」稱呼。

此外，樟腦自古以來便在印度與中國被當成治療發炎、水腫及鼻塞的藥物使用，但這樣的做法究竟始於何時並無定論。

樟樹的主要氣味成分除了樟腦，還含有桉樹醇、蒎烯等。

被譽為森林香氛的蒎烯，是松樹、大葉釣樟及日本扁柏等樹種含有的物質。松樹章節（71頁）介紹過其作用，這裡就來介紹另一項近期的實驗結果。

大家都說森林浴能帶來放鬆效果，而萜烯就是樹木釋放的氣味成分之一。千葉大學環境健康田野科學中心，曾在二〇一六年發表過相關研究成果。

研究團隊讓13名平均年齡為21・5歲的研究對象嗅聞萜烯的氣味90秒，並調查這麼做會對身體造成什麼影響。嗅聞不含萜烯的空氣90秒，一分鐘的心跳次數平均是74～75下；嗅聞含有萜烯的空氣時，心跳次數會減少至平均72～73下。雖說僅有些微差異，不過研究人員認為，這是嗅聞萜烯的氣味所帶來的放鬆效果讓心跳次數減少。

樟樹的另一種主要成分——桉樹醇又稱為桉葉油醇，為尤加利精油的主要成分。關於尤加利精油的抗病毒效果，請參考尤加利樹章節（99頁）。

療癒感滿分的超級香味，
所以還是鋪著榻榻米的房間好！

藺草（燈心草科）

日本的鴨兒芹、山葵、茗荷等氣味強烈的植物，自古以來就被稱為「日本的香草植物」。不過對許多日本人來說，有一種味道熟悉的植物更適合這個稱號，那就是藺草。其學名為「Juncus effusus」，「Juncus」表示燈心草屬，「effusus」則有散亂之意。

藺草生長在北半球溫帶濕地。為了製作榻榻米蓆面、草蓆、草墊、草鞋、枕頭與帽子等產品，日本的熊本縣、岡山縣、廣島縣等地都大量栽種藺草。另外，藺草也被當成蠟燭、提燈以及供佛燈等用於點火的燈芯使用，所以有「燈心草」這個別稱。

藺草在日文裡原本叫作「イ（i）」，日文漢字為「藺」，是日文名稱最短的詞彙之

一。同樣為一字的還有漢字為「荏」的「エ（e）」、「茅」的「チ（chi）」。這三者也會被稱呼為藺草「イグサ（igusa）」、荏胡麻「エゴマ（egoma）」與茅萱「チガヤ（chigaya）」，便於辨識。

附帶一提，日文名稱為兩個字的植物有松樹「まつ（matsu）」、梅樹「うめ（ume）」以及桃樹「もも（momo）」等。

藺草屬燈心草科，其莖桿可用於製作榻榻米。日本的藺草種植面積在一九八〇年代約有9千公頃，其後大幅減少，到二〇一七年已減為十分之一，也就是約900公頃。目前日本國內的藺草大約有八成產自熊本縣。熊本縣內的熊本縣農業研究中心與九州大學，曾共同針對藺草的放鬆效果進行研究。

藺草的主要氣味成分是名為己醛（hexanal）的草香味，約占30％。新榻榻米的香味主要就是這種味道。此外也含有微量的香莢蘭氣味成分——香草醛。藺草的氣味成分與其比例會因產地不同而有所差異，此處提及的研究所用藺草是熊本縣的產品。

透過這項研究可知，近年來大量使用的中國產藺草，其氣味成分比日本產的來得少。二〇一九年的《肥後物產通信》11月號曾提到，藺草香可活化副交感神經並帶來放鬆效果。

另外，藺草可吸收空氣中的水分。以6塊榻榻米大小的和室來說，濕度高時一天約可吸收2公升的水；相反地，藺草可在天氣乾燥時釋出水分。因此，榻榻米和室能將室內濕度保持在適當程度。觀察藺草剖面就會發現，裡面像海綿一樣，故可將水分儲存其中。

而且不只水分，藺草亦可吸附塵埃與微量成分。其中一種物質就是會引發病態建築症候群的甲醛（formaldehyde）。

熊本大學工學院的研究人員比較了5公克的藺草、藺草和紙以及一般和紙吸附甲醛的能力。結果發現，2個小時的吸附量由多至少依序為藺草和紙、藺草、一般和紙。另外，不只是甲醛，藺草也能吸附可能引發異位性皮膚炎等疾病的過敏原。

早晨來杯咖啡為何能提神醒腦？

咖啡樹（茜草科）

咖啡樹的學名為「Coffea」，隸屬咖啡屬，原產地據說是在非洲衣索比亞一帶。人們常喝的咖啡主要是用阿拉比卡種、羅布斯塔種及賴比瑞亞種這3種咖啡豆製成。

阿拉比卡種原產於衣索比亞，是我們最常喝到的咖啡。摩卡、吉力馬札羅等各有不同風味，但用的都是這種咖啡豆。阿拉比卡種的豆子在全世界的咖啡豆中約占70％。

羅布斯塔種原產於剛果，產量約占25％，是歐洲人常喝的品種。「Robusta」這個字在英文裡有強烈的意思。這種咖啡豆不僅澀味強，咖啡因含量還是阿拉比卡種的2倍左右。

賴比瑞亞種原產於西非海岸的賴比瑞亞，產量僅占全球幾%，主要是在非洲被製成咖啡飲用。因為不耐高溫多濕，栽種量並不多。

以日本來說，咖啡樹會在五、六月期間開出白花，並散發出茉莉花般的甜美香氣。數日過後花朵枯萎，到了秋天會結出許多櫻桃般的紅色果實，因此被稱為「咖啡櫻桃」。

十月一日是國際咖啡日。據說這是因為一般九月底前回結束採收並出貨，故從十月一日開始就是咖啡的新年度。

成熟的紅色咖啡果實也可直接食用。據說以前有牧羊童見羊吃了這種果實後活蹦亂跳，就在精神不濟時吃下而恢復元氣。我們喝的咖啡就是用此烘焙而成，其中的咖啡因會刺激可引發緊張與興奮的交感神經。因此，咖啡因不但有恢復元氣、提神醒腦的效果，還能帶來飽足感。有關這一點，請參考拙作《植物為何有毒》。

近年來已知，咖啡中含量豐富的綠原酸（chlorogenic acid）可預防斑點與雀斑。不僅如此，還有助於維持肌膚的含水量。肌膚含有許多水分就能保持年輕，所以綠原酸被認為具備良好的美肌效果。一天喝3～4杯咖啡的人，肌膚年齡也確實有比實際年齡來得年輕的傾向。

據說咖啡氣味含有800種以上的成分，其中形成咖啡香的主要成分是二氫苯并呋喃（dihydrobenzofuran）。許多人一早喝咖啡就感覺精神煥發，除了咖啡因的效果，另一方面就是因為二氫苯并呋喃的作用類似腦中的血清素。

依蘭章節（60頁）介紹過，血清素又稱幸福物質，能帶來快樂、充實等正面感受。醫藥領域上，常被用在緩解焦慮、憂鬱症狀，以及癲癇等疾病的藥物中。例如：立普能（Lexapro，主成分為Escitalopram Oxalate）、千憂解（Cymbalta，主成分為Duloxetine hydrochloride）等。

血清素也跟睡眠息息相關。目前已知，血清素的量一整天下來會有變化，在白天活動時的分泌量較多；到了晚上會逐漸減少，並轉變成助眠的褪黑激素；等到天亮後，腦內的血清素量又會開始增加，所以我們醒來時就會覺得神清氣爽。

當血清素量的變化出差錯或缺乏變化，就可能引發睡眠障礙。而咖啡提神醒腦的效果，就是咖啡因的味覺刺激與二氫苯并呋喃的嗅覺刺激所造成的。

咖啡的氣味在我們的生活中大有用處。舉例來說，「合利他命」這個品牌的強效錠與口服液相當有名。這些商品被開發出的過程中就用到了咖啡的氣味。

合利他命成分中有維生素B1誘導體（fursultiamine），這是以蒜頭的成分——大蒜素（allicin）與維生素B1結合而製成。維生素B1又叫硫胺素（thiamine），故大蒜素與硫胺素結合而成的物質就用「alli－」加上「thiamine」而取名為蒜硫胺素（allithiamine）。

當我們從飲食中攝取葡萄糖以產生能量時，維生素B1可在這個過程中發揮作用，促進能量產生。換句話說，要從我們吃進去的主食——澱粉類獲取能量的話，維生素B1是不可或缺的物質。要是維生素B1不足，身體的能量不夠，就會變得沒有精神；相反地，促進維生素B1吸收，疲倦的身體就會恢復元氣。

蒜硫胺素可被人體充分吸收，並發揮維生素B1般的作用。另外，蒜硫胺素會被儲存於肝臟中，一旦維生素B1不足，就可以取而代之地發揮同樣作用。因此透過藥片或保健食品攝取蒜硫胺素，應該就能補充維生素B1的不足。不過，這種物質含有蒜臭味的來源——大蒜素，強烈的氣味讓人難以吞服，很多人都不能接受。

歐洲從以前就有用咖啡去除蒜臭味的做法，因此研究人員從中獲得啟發，將咖啡的氣味成分——呋喃－2－甲硫醇（furan-2-ylmethanethiol）加以改良，製造出不再有蒜臭味的維生素B1誘導體，所以現在市面上的合利他命並沒有蒜臭味。

餅草特有的氣味可緩解生理痛與膝痛

艾草（菊科）

一般認為艾草原產於中亞乾燥地帶，不過其自古以來就分布於日本全國各地。艾草的嫩葉是春天製作艾草糰子或艾草麻糬的材料，因此艾草在日本又稱「餅草」。另外，夏天的艾草葉片背面的絨毛，就是艾灸時使用的艾絨。艾草的日文名稱「善燃草」，據說便是因其易燃的特性而命名。

艾草的學名為「Artemisia indica」，「Artemisia」表示蒿屬，源自希臘神話中守護女性健康的女神阿提米絲（Artemis）；「indica」表示原產地為印度。有時也會以「Artemisia princeps」作為艾草的學名，「princeps」的意思是如同貴公子般。

人們認為艾草有助於改善生理痛與不孕。另外，中國最古老的藥學著作《神農本草經》提到，艾草可當成退燒藥、止血劑或殺蟲劑使用。

從艾草萃取出的成分，曾獲得二〇一五年諾貝爾生理醫學獎的認可。中國的屠呦呦女士為了救治在越戰中感染瘧疾的患者，而四處尋找可治療瘧疾的藥物。她翻閱中國自古以來的傳統醫學典籍與中草藥經典，發現其中一種名為「青蒿」的生藥屢次被提及。「蒿」即為「艾草」，青蒿指的是從「黃花蒿」這種艾草中萃取出的生藥。屠女士因此受到啟發，經多次研究後在一九七二年從黃花蒿葉片中發現可有效治療瘧疾的成分——青蒿素（artemisinin），並獲得諾貝爾獎。

搓揉艾草的葉片就會飄散出特有的氣味，這個氣味被運用在艾草茶、艾草浴當中。艾草的氣味中含有桉樹醇、側柏酮（thujone）、石竹烯（caryophyllene）、冰片（borneol）以及樟腦等成分。

一般認為，其葉片可有效緩解生理痛跟石竹烯有關。因為石竹烯進入人體後，會塞住腦內感覺疼痛的地方，緩解疼痛及其造成的壓力。

艾草家族中有種植物名為苦艾，自古以來就被當成退燒止痛的藥物服用。有項研究針對其跟艾草對膝關節疼痛的止痛效果進行調查，拿苦艾藥膏、艾草貼布跟緩解膝痛的止痛藥來比較。

研究人員用X光檢查膝部狀況，並將狀況類似的患者分成3組：塗抹苦艾藥膏組、使用艾草貼布組，以及服用市售止痛藥組。每天分別進行3次治療，到第五週時看診以評估其療效。結果發現，所有組別的患者都緩解了疼痛。尤其是塗抹苦艾藥膏組，其療效跟止痛藥帶來的效果一樣。

從結蜜機制學到氣味的作用

蘋果樹（薔薇科）

蘋果的香味主要有酯類與醇類這2種成分，其成分比例會因品種與成熟度而有大幅差異。

「酯」是酸與醇類產生反應後結合的產物。蘋果香味中的酯類，是蘋果中的醇類受到某種酵素——醇醯基轉移酶（alcohol acyltransferase）催化而產生的。

這種酵素作用強的品種會生成許多酯類，而使蘋果有濃郁的甜香；反之則會散發出醇類的清爽氣味。

乙烯（ethylene）可催化這種酵素的作用。這是在比較過釋放大量乙烯的品種「王林」與釋放少量乙烯的品種「富士」後，得到的明確結論。

市面上的王林蘋果給人甜香濃郁的印象，不過其剛採收時其實口感清脆、風味清爽，吃起來相當爽口。這是因為王林蘋果是在運送期間釋放出乙烯，並在醇醯基轉移酶作用下產生許多酯類的。

除此之外，酯類生成量會因蘋果樹的栽培環境、採收後的擺放條件而出現變化。比方說，蘋果有無套袋或噴灑農藥等。

說到「蜜蘋果」，大家都會以為是結蜜部分很甜的蘋果，但嚐嚐看結蜜處，就會發現跟其他部分的甜度並沒有不同，甚至還比較不甜。這是因為結蜜處的甜味來自山梨糖醇（sorbitol），其甜度大約只有砂糖的一半左右。

那麼，能否靠氣味來分辨蘋果有沒有結蜜呢？日本的國立研究開發法人農業食品產業技術綜合研究機構中央農業綜合研究中心，針對這兩種蘋果進行比較，並在二〇一六年發表研究結果。

這項研究用的是容易結蜜的「富士」與「高德（註冊商標：小蜜）」。結果發現，相較於未結蜜的蘋果，蜜蘋果有更多名為乙酯（ethyl esters）的香甜果香。因此，有無結蜜確實可以靠氣味來分辨。

葡萄酒與葡萄當中也含有乙酯。另外，若是將蘋果低溫貯藏，這種香味也會變得濃郁。所謂低溫貯藏，就是在蘋果採收後藉由降低溫度與氧氣濃度來保持新鮮。

簡而言之，讓蘋果處於缺氧狀態，就能長期保存。

一般認為，蜜蘋果釋放出較多乙酯，是因為結蜜處的細胞有蜜而處於缺氧狀態的緣故。蜜會妨礙細胞呼吸，使其處於缺氧狀態而持續發酵，產生乙酯這種果香味，就跟低溫貯藏的蘋果一樣。

茉莉（木犀科）

想要放鬆一下時可以喝……

被稱為茉莉（jasmine）的植物多達數百種，不過沒有任何植物的名字是茉莉。茉莉是木犀科茉莉花屬（素馨屬）植物的總稱，在日本最廣為人知的是阿拉伯茉莉與多花素馨。

阿拉伯茉莉原產於阿拉伯半島、菲律賓、印度與中國一帶，英文名稱為「arabian jasmine」。學名為「Jasminum sambac」，「Jasminum」表示茉莉花屬（素馨屬），這個字源自阿拉伯語的「yasmin（茉莉花）」；而「sambac」據說以原產地的他加祿語來說是海誓山盟之意。其在菲律賓還被稱為「sampaguita」，是菲律賓國花。

阿拉伯茉莉會在夜晚開出純白色的花朵，有著濃郁香氣。其花香的主要成分是芳樟醇，可用於製作茉莉花茶。

多花素馨原產於中國，學名是「Jasminum polyanthum」。「polyanthum」的意思是「許多的（poly）花（anthum）」。多花素馨正如其名，開花數量繁多。其為爬藤植物，可纏繞於住家圍籬等處。紫紅色花蕾開出的花芬芳馥郁，內側雖是白色，外側卻是淡粉紅色，所以英文名稱是「pink jasmine」。

茉莉花香包含了乙酸苄酯、芳樟醇及苯甲醇等成分。梔子花、梅花及依蘭也富含乙酸苄酯，相關作用請參考梔子章節（44頁）。苯甲醇則是栗子跟依蘭也都有的香氣。

卡羅萊納茉莉、馬達加斯加茉莉，是跟茉莉外型相仿且芬芳馥郁的植物。這些植物的氣味相似，所以同樣被冠上「茉莉」之名。不過，卡羅萊納茉莉是馬錢科（鉤吻科）、馬達加斯加茉莉是夾竹桃科（以前是蘿藦科），與木犀科的茉莉在植物學上並無親緣關係。

卡羅萊納茉莉產於北美地區的卡羅萊納州。學名為「Gelsemium sempervirens」，

「Gelsemium」這個字源自義大利文的「gelsomino」，指茉莉。其英文名稱為「false jasmine」，「false」的意思是虛假、偽造，可見這不是真正的茉莉。

卡羅萊納茉莉為爬藤植物，栽種時必須立起支架，四月至六月會開出黃花。由於含有鉤吻鹼（gelsemine）這種有毒物質，不可當成花茶飲用，否則會出現暈眩、呼吸困難等中毒症狀。群馬縣在二〇〇六年就曾發生喝了卡羅萊納茉莉花茶而中毒的事件。其花朵形狀近似喇叭，所以又被稱為「喇叭花」（洋金花也有同樣別稱）。

馬達加斯加茉莉同樣為爬藤植物，原產於馬達加斯加，英文名稱是「madagascar jasmine」。學名為「Stephanotis floribunda」，「Stephanotis」表示舌瓣花屬，「floribunda」則是開出許多花之意。正如其名，其會開出許多純白色花朵，同樣也有毒。

第四章

擊退病毒與細菌的氣味

對植物來說，病蟲害是煩惱的根源；而我們同樣也會受流感、新冠等病毒與細菌所苦。有什麼氣味能幫我們消滅這些細菌和病毒呢？

令人矚目的預防流感效果！

大葉釣樟（樟科）

大葉釣樟原產於包含日本在內的東亞地區，學名為「Lindera umbellata」。「Lindera」表示釣樟屬，源自瑞典植物學家約翰・林德（Johan Linder, 1676－1724）的姓氏；「umbellata」取名自其花在枝梗上的排列方式——繖形花序（umbel）。因原產於日本，英文名為日文的英譯「kuro－moji」。

大葉釣樟的樹枝不僅氣味好聞，還具有殺菌效果，因而被用來製作高級牙籤，甚至有「toothpick」這個別稱，「tooth」是牙齒，「pick」則是夾取之意。

大葉釣樟生長在日本全國各地山區，除了製成牙籤，在人們的生活中還有很多用途。

島根縣隱岐群島的中之島居民，就習慣以大葉釣樟枝葉製作茶飲，並取福氣到來之意命名為「福來茶」。另外在東北地區，獵戶於雪山上行走時，會套上以大葉釣樟樹枝製成的踏雪板，並用多餘樹枝製作茶飲。

二〇一八年，有學者指出大葉釣樟萃取物可有效預防流感。由愛媛大學醫學院附屬醫院抗老化暨預防醫學中心，跟養命酒製造股份有限公司共同進行研究，以134名護理師為對象，分成2組。讓其中一組受試者每天吃3次添加了大葉釣樟萃取物的糖果，另一組吃未添加的糖果作為對照組，並在12週後調查有多少人感染流感。

結果顯示，食用添加了大葉釣樟萃取物的糖果組僅2人感染流感，對照組則有9人感染。

以前就有學者提過，大葉釣樟萃取物可降低病毒活性，並抑制病毒增生。這項研究證明了大葉釣樟萃取物對人體而言具有抗病毒效果。

二〇一九年九月，信州大學農學院也發表了研究結果，表示日本香草大葉釣樟萃取物抑制流感病毒增生的效果可持續很久。實驗由信州大學學術研究院（農學系）與養命酒製造股份有限公司共同進行。根據研究結果，只要有大葉釣樟萃取物，就能將病毒感染控制在一半左右的程度。此外，研究人員還分別在移除了大葉釣樟萃取物12小時過後與24小時過後讓細胞感染流感病毒，發現病毒增生依然受到抑制。若將未添加情況下的病毒量設為100％，移除12小時後會減為約40％，24小時後則為約75％。可見只要在細胞添加過大葉釣樟萃取物，即使之後去除了，仍然有預防流感的效果。換言之，大葉釣樟萃取物一旦在細胞產生作用，其效果就可以持續很久。

二〇二〇年，養命酒製造股份有限公司推出添加了大葉釣樟萃取物的「大葉釣樟喉糖」，可望發揮預防流感病毒的效果。

大葉釣樟花有一股高雅的甜美芳香。主要成分是丹桂、梔子花與鈴蘭等花朵中含有的芳樟醇，以及尤加利樹氣味中富含的桉樹醇等。

無尾熊的最愛不但能抗病毒，還能「淘金」？

尤加利樹（桃金孃科）

尤加利樹的原產地是澳洲，據說有600～800種，以學名為「Eucalyptus globulus（藍膠尤加利）」、「Eucalyptus radiata（澳洲尤加利）」以及「Eucalyptus gunnii（加寧桉）」等品種最為有名。

「Eucalyptus globulus」是其中具代表性的品種。「Eucalyptus」表示桉屬，意思是堅固的蓋子；「globulus」則是形容花萼包覆著花蕾的模樣，或者綠意覆蓋大地之意等。其英文名稱為「southern blue gum」。據說在一八七七年左右傳入日本。

尤加利樹成長茁壯後，根部可將大量水分吸上來，並延伸到地下深處。幾年前甚至有消息指出，尤加利樹可從地下數十公尺深的金礦礦脈吸取黃金送至地面，並蓄積於葉片中，當時以「發現金礦的植物」蔚為話題。

尤加利樹是來自澳洲的明星動物——無尾熊最愛的食物，並因此為人所知。因為尤加利樹具有殺菌、消炎、止痛等效果，據說澳洲原住民從很久以前就將之視為藥草、用於療傷。

尤加利樹的主要氣味成分是桉樹醇（桉葉油醇），這種氣味可作為防蟲之用。大葉釣樟章節（96頁）介紹過，含有桉樹醇的大葉釣樟萃取物具有抗病毒效果。有學者指出，含有桉樹醇的尤加利樹萃取物也同樣具備抗病毒效果。

二〇〇九年，富山大學醫學院護理學系在研究中指出，要是把澳洲尤加利樹的氣味成分直接加在受病毒感染的細胞上，病毒量約會減少90％，甚至可能減少得更多。研究人員也同時比較了含有類似功能的綠花白千層、黃檀、澳洲茶樹以及薰衣草等氣味的成分，結果發現只有尤加利樹能抑制病毒增生。

得出上述結論後，研究人員又開始探討，只是嗅聞味道是否也能帶來抗病毒的效果。

研究人員將小鼠分為2組，在讓小鼠感染流感病毒的7天前，先讓其中一組嗅聞尤加利樹的氣味作為預防；讓小鼠感染病毒後，再比較兩組小鼠有何不同。結果發現，感染前嗅聞過尤加利樹氣味的小鼠有較高的存活率。

著名的澳洲世界遺產——藍山，是90多種尤加利樹所形成的森林。

「藍山」這兩個字或許會讓人聯想到頂級咖啡豆，不過著名的咖啡豆品牌「Blue Mountain」是位於中美洲與加勒比海的牙買加藍山山脈所出產的。澳洲國家公園裡的尤加利樹森林則是「Blue Mountains」。雖然只有一字之差，不過此藍山並非彼藍山，兩者毫不相干。此地有著「神祕的藍色薄霧」稱號，整片尤加利樹森林占地廣達4千平方公里。

藍山森林之所以看起來帶有藍色，是因為尤加利樹釋放出的揮發成分瀰漫在空中，使光線折射後，波長較短的藍光會反射。

澳洲幾乎每年都會發生森林火災。二〇一九年也發生過大規模火災，造成許多無尾熊跟袋鼠死亡。而這些森林大火，其實也跟尤加利樹的特性有些關聯。尤加利樹的氣味成分具有易燃的特性，所以空氣中瀰漫著許多尤加利樹氣味成分的森林或山區，一旦因雷擊等原因起火燃燒時，火勢就會一發不可收拾。

常被蚊子叮的人非聞不可！

紫丁香（木犀科）

紫丁香的原產地據說是歐洲的巴爾幹半島。其學名為「Syringa vulgaris」，「Syringa」表示丁香屬，源自希臘文的「syrinx」，意思是笛子或管子。據說牧羊人所用的笛子，就是用紫丁香樹木的枝條做成的；「vulgaris」則是普通、一般之意。

其英文名為「lilac」，法文名則是「lilas」。紫丁香於明治時代傳入日本，日文漢字寫成「紫丁香花」。附帶一提，日文漢字為「丁香花」的，則是同為木犀科、花朵顏色為白色的暴馬丁香（Syringa reticulata）。

紫丁香較為耐寒，因此無論是在北海道還是本州北部，到了五月左右就會開出美麗的花朵。北海道札幌市將紫丁香指定為市樹，每年五月都會舉辦「札幌丁香節」

活動。

紫丁香的氣味中含有蒎烯、羅勒烯、甲基苄基醚（methyl benzyl ether）、對苯二酚二甲醚（dimethylhydroquinone）、順式－3－己烯醇（cis-3-hexenol）以及苯甲醛等成分。其中以丁香醛（lilac aldehyde）的氣味最具特色。

二〇二〇年，華盛頓大學生物學研究室揭露了蚊子討厭丁香醛這件事。吸食人血的蚊子僅限於會產卵的雌蚊，其餘一般都是靠吸食花蜜等汁液來攝取營養。而蘭花除了壬醛（nonanal）這種特有氣味成分，還含有丁香醛，成分比例因品種而異。

研究人員調查蚊子會去吸食哪一種蘭花的花蜜，結果發現，蚊子會吸食含有許多壬醛的蘭花花蜜，但並不喜歡丁香醛含量多的蘭花花蜜。

不僅如此，二〇一五年，日本國立科學博物館以虎耳草科的嗩吶草做研究，發現前來授粉的昆蟲種類可能是由丁香醛的氣味所決定。

紫蘇加鹽巴，抗菌效果更強大

紫蘇（唇形科）

紫蘇原產於中國。日本繩文時代的遺跡中有果實出土，但據說紫蘇的栽培始於平安時代。

紫蘇被譽為「可讓人死而復蘇的紫草」並因此得名，由來是一則中國自古流傳的故事。有個年輕人吃螃蟹中毒而命懸一線，但在喝了用紫蘇葉片煎煮成的湯藥後，很快便恢復元氣、起死回生。據說當時用的就是「紅紫蘇」。

紫蘇有葉片為紫紅色的「紅紫蘇」，和葉片為綠色的「青紫蘇」。一般認為紅紫蘇是原種，含有花青素（anthocyanin）這種紅色色素。

紫蘇葉片有一股清爽的氣味，所以又被叫作「日本香草」。其氣味中含有檸檬烯、薟烯等，但主要成分是紫蘇醛（perillaldehyde）。其學名為「Perilla frutescens」。「Perilla」既是屬名，也是英文名稱。「frutescens」的意思是低矮樹木。

紫蘇醛的抗菌效果很好，可抑制細菌增生、延緩食物腐敗。生魚片等食材旁擺上名為「大葉」的青紫蘇並不只是為了好看，而是期望紫蘇氣味發揮抗菌效果，避免魚肉腐敗。

據說要是把蛞蝓放在紫蘇葉片上，或者將之靠近獨角仙，牠們就會急忙逃走。美國也有研究指出，山羊吃了紫蘇葉會引發呼吸困難。話雖如此，仍然有蟲子會吃紫蘇葉片。斜紋夜蛾的幼蟲就很喜歡吃，真是「青菜蘿蔔各有所愛」啊。

要是用顯微鏡觀察紫蘇葉片，會看到其表面有著如同小膠囊般的「油腺點」。這些小膠囊裡面充滿了紫蘇的氣味。只要輕輕撫摸紫蘇葉片的表面，這些小膠囊就會破掉並散發氣味。像是大蒜跟薑等食材，就必須切碎或磨成泥，才會產生出濃烈的氣味。關於大蒜氣味是如何製造出來的，請參考大蒜章節（122頁）。

一九八一年，千葉大學生物活性研究所發現，紫蘇加上鹽巴後，抗菌效果會變得更強大。

細菌等微生物很容易在盛裝營養物質的容器裡繁殖，但若在其中加鹽，就能稍稍抑制細菌增生。改成添加紫蘇成分的話，也能有同樣效果。若是同時加入兩者，抑制效果就會比單加任一種好得多，達到加乘效果。這項實驗用了許多種細菌，而所有實驗結果都有相同傾向。我們製作酸梅時，常會加入紫蘇葉、鹽巴一同醃製，等於是巧妙利用了這個加乘效果，讓抗菌效果變得更好。

紫蘇同類中，有一種名為荏胡麻的植物常被誤以為是芝麻的同類，不過其並非胡麻科，而是唇形科。荏胡麻原產於東南亞，跟紫蘇有很近的親緣關係，學名跟紫蘇一樣是「Perilla frutescens」。以其種子榨成的油是「荏胡麻油」，亦稱「紫蘇籽油」，富含亞油酸（linolenic acid）這種必需脂肪酸，相當有益健康。

古人也能分辨並應用在生活中的青竹香

竹子（禾本科）

竹子是禾本科植物，在日本約600種，全世界約1200種，不過並沒有任何植物叫「竹子」，這是竹類植物與小竹類植物的總稱。竹類與小竹類的區分方式並不明確，據說一般的區分方式是，竹類從竹筍長成竹子後所有外皮都會脫落，小竹類則是外皮永不脫落。

日本的竹子以桂竹與孟宗竹最具代表性。

據說桂竹原產於中國，但日本自古以來就有桂竹生長，所以也有人說日本也是原產地。其學名為「Phyllostachys bambusoides」。「Phyllostachys」表示剛竹屬，來自於希臘文中表示葉子的「phyllon」以及表示穗的「stachys」。桂竹又稱「苦竹」，其筍子正如其名，不僅帶有苦味，澀味也很重。

人們喜歡品嚐的「春菜之王」則是孟宗竹筍。據說是在江戶時代從中國經琉球王國傳入薩摩藩（現今的鹿兒島縣），如今是日本農民普遍栽種的品種。其學名為「Phyllostachys heterocycla」，「heterocycla」是多處輪生之意。

竹子的清新香氣被譽為「青竹香」，據說是葉醇與青葉醛（trans-2-hexenal）的味道。

葉醇的主要成分是己醇（hexanol），主要有被形容為剛割完草的氣味的3－己醇（3-hexanol），以及綠葉揮發物2－己醇（2-hexanol）。

青葉醛的主要成分是己醛，這種氣味被形容為黃豆的豆腥味，有些人頗喜歡這種氣味。不過，這種氣味要是太過濃烈，聞起來就會像是椿象的味道。

對竹子來說，這些氣味都是為了讓自己遠離或擊退霉菌與病菌。其實不光是竹子，植物的葉子或樹幹釋放的氣味統稱為芬多精（phytoncide），「phyton」就是指植物，「cide」則是殺死特定對象的物質之意，兩者皆為俄文。

新鮮竹子釋放出的芬多精稱「青竹香」，但就算竹子不再新鮮也還有「竹皮香」。這種香味也是芬多精，在我們的生活中大有用處。

一九三〇年，蘇聯時期的列寧格勒國立大學的托金博士（Boris P.Tokin）提出植物會釋放多種物質，以殺死霉菌和細菌來保護自己。而其實人們早在那之前，就會在生活中借助這些氣味的力量。竹葉是其中具有代表性的例子。

竹葉可用來包粽子、麻糬或鱒魚壽司，以前的人也會用竹皮來包裹肉類或飯糰等食物。雖然現在較為少見，但還是有人會用竹皮來包鯖魚壽司。這麼做除了顯得高級，也能延緩腐敗。

附帶一提，由於鯖魚容易腐敗，一直以來的做法是在撈補上岸後迅速清點數量，以免花費太多時間，因此日本人會用「清點鯖魚數量（鯖を読む）」來比喻隨便講個數字。

我們平常很少有機會仔細瞧瞧竹皮長什麼樣子，若是有機會吃高級鯖魚壽司，吃完後不妨仔細看一下包裹壽司的竹皮。前幾天我就看到了一張長67公分、寬22公分的大片竹皮。

作為包裝材料使用的竹皮，主要是桂竹筍長成竹子後脫落的外皮。因為是乾燥狀態，聞起來並不會有強烈氣味，但是對蟲子或病菌來說，味道可能很強勁呢！

有可能商品化的天然焦糖香

連香樹（連香樹科）

連香樹的學名是「Cercidiphyllum japonicum」，據說原產於日本，但是在中國與日本的溫帶地區皆有廣泛分布。「Cercidiphyllum」表示連香樹屬，因其葉片跟紫荊（Cercis chinensis）的長得很像而如此命名；「japonicum」表示原產於日本。

連香樹讓人印象深刻的就是其美麗的心型葉片。人們從很久以前就知道連香樹葉有一股甜香，如今已知這種氣味的成分來自於麥芽醇（maltol）。

麥芽醇是焦糖的成分，理所當然會有焦糖般的香味，正確說法應該是有股「焦糖香」。

連香樹的綠色葉片幾乎不會有這種香味。要是接連好幾天都是大晴天，落葉變得乾燥而不含任何水分時，也不太會有香味；但只要一下雨，落葉吸飽水分，就會微微飄散出焦糖香。

麥芽醇不具毒性，可添加在甜點等食品中。不過，除了添加在食品中的麥芽醇，我們在冬天也能攝取到天然的麥芽醇。

一九九五年，美國喬治亞大學的研究團隊，找出烤地瓜的甜香究竟是什麼成分——這正是麥芽醇。烤地瓜裡的澱粉會因受熱而轉變成麥芽糖，但在這個階段時尚未製造出麥芽醇，所以不會散發甜香。等到烤地瓜所含的胺基酸與麥芽糖結合後，麥芽醇才會被製造出來。

能有效抵抗結核菌的檜木醇

日本扁柏&羅漢柏（柏科）

所謂「松柏清香」中的「松」指的是松樹，「柏」則是指檜木類。其中，這類氣味最具代表性的成分，就是在松樹章節（71頁）介紹過的蒎烯。

日本扁柏廣泛分布在關東以西區域，自古就被當成高級木材使用。奈良時代編纂成書的史籍《日本書紀》（七二〇年）中提到，柳杉與樟樹用於造船、扁柏用於造殿、金松用於造棺。

據說法隆寺是世界上最古老的木造建築，已被登錄為世界遺產，其建材就是日本扁柏。法隆寺建於西元六〇七年，雖有定期修繕以保持建築物完好，但以日本高溫多濕的氣候來說，歷經1400年之久，如今的狀態可說保持得相當完美。

法隆寺在一九三四年至一九八五年期間進行過大規模修繕工程。當時將所有木材通通拆下，更換腐朽的部分並重新組裝。畢竟年代久遠，工匠在修繕前本以為作為建材的扁柏應該都已腐朽不堪，沒想到用刨刀將老舊的扁柏表面刨掉約3公釐後，就飄散出新扁柏般的香氣。

奈良縣東大寺內的正倉院寶庫，也是用扁柏建造的。其中收藏了600多件天皇遺物與約60種藥材，保存狀態都好得令人驚訝。

正倉院寶庫建造於哪個年代並沒有詳細記載，但據說最遲也是在8世紀中旬就已經蓋好，距今已有1300年之久。為何這些寶物經過這麼長久的時間，還能保持得這麼好呢？

理由至少有二。其一是建造方式，正倉院寶庫是採用校倉造這種技法建成的高床式建築，倉庫內的環境較能保持恆定，因此少有溫濕度變化造成的損傷；其二是建材扁柏具有防蟲、抗菌效果，目前已知日本扁柏的材質能抑制褐腐菌與白腐菌等會導致木材腐爛的菌類繁殖。

日本扁柏特有的香味成分有檜木醇（hinokitiol）、杜松醇（cadinol）及萜烯，防蟲效果主要是拜杜松醇所賜。

一九〇〇年代，有學者發現檜木醇對引發肺結核的結核菌具抗菌效果。此外也有研究顯示，檜木醇對大腸桿菌、金黃色葡萄球菌等造成食物中毒的原因，以及沙門氏菌、破傷風桿菌等菌類有殺菌效果。

二〇一九年與二〇二〇年，新潟大學發表的研究結果顯示，檜木醇對肺炎鏈球菌有抗菌效果，也對流感病毒具抗病毒效果，因此被製成消毒噴霧，以預防醫療院所的流感感染。

不過，日本扁柏僅含有極為少量的檜木醇，含量較多的是台灣扁柏與青森羅漢柏。

有一個相當有趣的研究跟含有檜木醇的水有關。研究結果顯示，檜木醇對冠狀病毒具抗病毒效果，因此這間日本公司在二〇〇五年取得了專利（JP 2005145864A）。

實驗方式如下：首先讓非洲綠猴的腎臟細胞感染冠狀病毒，4天過後觀察其增生數量。除了用檜木醇處理過的病毒液之外，還另外準備了未經檜木醇處理的病毒液作為比較。結果發現，與對照組相比，有用檜木醇處理過的病毒數量約減少一半。若將檜木醇濃度加倍，甚至還會降至三十分之一左右。

此外，受感染的腎臟細胞並沒有什麼損傷，因此研究人員認為，檜木醇只會對冠狀病毒發揮作用，抑制其感染與增生。不過這項研究並未提到檜木醇對「新型冠狀病毒」的抗病毒效果。

第五章

讓我們保持健康的超級氣味

我們靠著攝取蔬菜水果等食物來守護健康。不過，不只是這些被當成食材的植物，香草、花卉的氣味也對我們的身心健康有益。

讓人長生不老的果實是柑橘類氣味始祖

橘柑（芸香科）

據說橘柑是在彌生時代從原產地中國傳入日本。當時，田道間守命奉十一代天皇——垂仁天皇之命，前往中國尋找能讓人長生不老的果實。10年過後，他帶回了橘柑樹。據傳那些樹被種在如今的和歌山縣海南市，也就是奉祀田道間守命的橘本神社附近的「六樹之丘」。這種果實被視為如今的溫州蜜柑原種。當時的人們似乎會將橘柑樹果實加工，當成點心食用。

因為有這樣的傳說，橘柑樹果實被視為點心始祖，將其帶回日本的田道間守命則被譽為「點心之神」。田道間守命的故鄉——兵庫縣豐岡市的中嶋神社，奉祀的便是點心之神。

另一方面，也有人認為橘柑的原產地是日本，為日本原有的柑橘類植物，其學名「Citrus tachibana」的種小名即為其日文名稱。

雖不知何種說法為真，但可以確定的是，日本自古就有這種植物。《日本書紀》與《萬葉集》等典籍不但有提到橘柑，還有「非時香果」這個別稱，意即不時會飄散出香氣的果實。其中「果」字應是代表「果實」，不過有時也會用「菓」字代替，這反映了當時會把橘柑當成點心食用的狀況。

最近幾年已知橘柑是日本多種柑橘類的原種之一。因此，橘柑不但是點心始祖，也是柑橘類始祖。根據其別稱，也可說是柑橘類氣味始祖。

橘柑的氣味成分中含有許多檸檬烯、蒎烯、水芹烯（phellandrene）及萜品烯（terpinene），尤其果皮中的含量更是豐富。其後誕生的多種柑橘類植物也都富含這些成分，所以橘柑果然是柑橘類氣味始祖。

可滋補強身、減重的獨特氣味

大蒜（石蒜科）

佛教世界裡，僧侶所吃的齋菜不能用肉或魚來烹煮。不僅如此，也不可使用被稱為「五辛」的5種蔬菜。

這5種蔬菜的種類因時代或區域而異。一般來說，五辛指的是大蒜、蔥、韭菜、洋蔥以及藠蕎，有時也包含山椒、薑或香菜。據說是因為這些蔬菜味道很臭，會阻礙修道，而且會補充精力、刺激性慾，對修行造成妨礙。不過無論什麼地方，都一定會禁止的就是大蒜了。

大蒜原本隸屬於百合科，近年來被納入石蒜科，原產地為西亞。大蒜是在紀元前就被食用的食品之一。全世界最古老的醫學書籍《埃伯斯紙草卷》記載了古埃及醫學，書中就有提到被當成藥物使用的大蒜。

據說古埃及時期會讓建造金字塔的工人食用大蒜，中國在建造萬里長城時也讓工人吃大蒜。可見人們從很久以前就知道，大蒜可消除疲勞、增強體力。

日本最古老的歷史著作《古事記》、奈良時代編纂成書的《日本書記》，以及現存最古老的和歌選集《萬葉集》中，都有大蒜的相關記載，因此一般認為其在相當久遠以前就從中國與朝鮮傳入日本。

大蒜的英文名稱是「garlic」，學名則是「Allium sativum」。「Allium」表示蔥屬，「sativum」則是栽種之意，故整個學名意即人工栽種的蔥屬植物。

同科植物中有一種「小根蒜」，外觀形狀都跟大蒜很像，只是大蒜如其名尺寸較大。所謂「蒜」，就是蔥、韭菜、小根蒜及大蒜等味道強烈但吃起來美味的草類總稱。

一顆完整的大蒜幾乎不會散發什麼味道，但只要用刀子切開，就會飄散出具有刺激性的氣味。這種氣味是細胞中含有的蒜胺酸（alliin）在被切開時跟蒜胺酸酶（alliinase）發生反應，轉變成大蒜素時才會出現。

所以若想讓一盤菜餚滿是大蒜的強烈氣味，就要盡可能地破壞大蒜細胞。以料理手法來說，比起將大蒜壓碎或切片，切碎或磨成泥會更有味道。

大蒜的氣味可增進食慾，也被視為滋補強身的食材。人體需有維生素B1才能產生能量。而大蒜含有的大蒜素跟維生素B1結合，就能有效率地產生能量。豬肉跟肝臟含有大量維生素B1，大蒜與韭菜等植物則含有大蒜素，所以吃「韭菜炒豬肝」這道菜攝取到的營養素，就可以轉變成人體所需能量，有滋養補益的效果。此外，維生素B1是水溶性維生素，攝取過量會隨著尿液排出體外，但只要跟大蒜素結合，就會形成蒜硫胺素這種難溶於水的物質。

咖啡樹章節（80頁）也介紹過，維生素B1若是不足，儲存在肝臟的蒜硫胺素就會變回大蒜素與維生素B1，以協助產生能量。也就是說，蒜硫胺素可讓人從維生素B1不足的虛弱狀態復原，具有強身健體的功效。

從化學角度來看，大蒜除了大蒜素以外，也含有含硫物質。一九九九年，神戶女子大學的研究人員指出，大蒜中的硫磺成分可讓體溫上升並減輕體重。

他們先將大鼠分成２組，一組餵食添加了大蒜粉末的飼料，另一組則餵食未添加大蒜粉末的飼料。實驗期間為28天。結果發現，有餵食大蒜粉末組的體重減輕了。

而且，大蒜中的硫磺成分被腸胃消化後，會跟消化器官中的熱覺受器結合，使身體變得暖呼呼的。目前已知薑的薑辣素（gingerol）與薑酚（shogaol）、辣椒的辣椒素等物質也具備同樣作用。

二〇一四年，有學者發現榴槤也含有會讓人感覺到熱的物質。榴槤成熟後會散發出獨特氣味，就像是臭起司的味道。事實上，其中摻雜了與大蒜氣味成分相似的含硫物質，會跟熱覺受器結合，讓人感覺到熱。

讓人覺得苦的成分帶來的是……

彩椒（茄科）

彩椒原產於南美，但如今全世界都有栽種。其由葡萄牙人於江戶時代傳入日本，日文名稱來自法文的「piment doux」。

彩椒是辣椒的同類，因此學名為「Capsicum annuum」。「Capsicum」表示辣椒屬，源自拉丁文的「capsa」，意思是袋子，因為其果實中空如同袋子而得名；「annuum」則是一年生草本植物之意。

另外，辣椒又被稱為「hot pepper」，意思是辣的；彩椒則被稱為「sweet pepper」，意思是甜的。彩椒的果實呈鐘形，所以又有「bell peppe」的別稱。

彩椒的嫩果為青綠色（青椒），可食用，英文名稱為「green pepper」。「pepper」

是辣椒（編註：胡椒的英文也是「pepper」），所以完整是指綠色辣椒，與「red pepper（紅色辣椒）」相對。其中含有許多維生素C、胡蘿蔔素等有益健康的物質。果實完全成熟後會轉變成鮮紅色，含有大量辣椒紅素（capsanthin），據說可預防黑斑產生。

青椒有獨特的苦味，近幾年才知道這個苦味與其氣味有關。

10幾年前，墨西哥栽培「哈拉佩尼奧」品種時，出現了突變而不具苦味的個體，於是瀧井種苗公司想以此培育出不具苦味的青椒。

奈良女子大學與瀧井種苗公司共同研究，調查不具苦味的新品種與一般青椒在成分上有何不同。結果發現，有苦味的青椒含有大量槲皮苷（quercitrin），這在不具苦味的青椒中幾乎不存在。

槲皮苷可以強化血管，並防止血壓上升。然而這種物質有澀味，卻沒有苦味，於是研究人員進一步調查苦味從何而來，發現當槲皮苷與青椒氣味同時存在時，就會讓人覺得苦。

新品種跟一般青椒都有這種氣味，但是新品種不含槲皮苷，所以不會讓人覺得苦。青椒的氣味成分是吡嗪。若沒有聞到此味道，就算吃有苦味的青椒，也不會覺得苦。

其實以前就有這種說法：只要捏住鼻子，在聞不到味道的狀況下吃青椒，就不會覺得苦。如今這個說法獲得了科學證實。

但是，為何捏住鼻子聞不到氣味，就嚐不出味道呢？

其實我們吃東西時聞到的味道，有從喉嚨進入鼻腔的氣味，也有直接從鼻子聞到的氣味，這稱為「鼻前香氣（orthonasal aroma）」。「ortho」在希臘文裡的意思是正式的，「nasal」在英文裡的意思是鼻子的，「aroma」則是香氣。

捏住鼻子，就無法從鼻子直接聞到氣味。所以當我們感冒鼻塞時，吃東西就會感覺食不知味。除了身體狀況不佳而食慾不振，可能也是因為未能從鼻前香氣聞到食物氣味的緣故。換句話說，有些味道要是沒有從鼻子聞到，就不會覺得好吃。

所以也有這些說法：捏住鼻子喝果汁就沒辦法分辨到底是蘋果汁還是柳橙汁、捏住鼻子吃蘋果會感覺像是在吃馬鈴薯。可見蘋果的美味，也需要直接從鼻子聞到香氣；要是沒有伴隨著鼻前香氣，就不會覺得好吃。

荷蘭芹＆西洋芹（繖形科）

不但能讓人放鬆下來，還具備抗氧化效果

荷蘭芹屬繖形科，原產於地中海沿岸地區。生的葉片本身具有氣味，成分包含蒎烯、肉豆蔻醚（myristicin）等多種物質。二〇二〇年，巴西里約熱內盧聯邦大學的健康科學研究所從荷蘭芹中找到29種類黃酮（flavonoid）。其中含量最多的是芹菜鹼（apiin），最具特色的是洋芹醚（apiol）。這些成分具有抗菌與殺菌效果。將之加進料理中，就是期望能發揮這個效果。

西洋芹跟荷蘭芹一樣屬繖形科，原產於歐洲地區。有些人不喜歡其特殊氣味，不過其主要成分也是具抗氧化效果的芹菜鹼，據說聞到可讓人放鬆下來。

芹菜鹼分解後會轉變成芹菜素（apigenin），這種物質目前已被應用在抗癌藥物上。

葉子跟果實都很香，又能幫助消化

山椒（芸香科）

據說山椒原產於日本，所以英文名稱為「Japanese pepper」。「pepper」即為胡椒，所以意思是日本的胡椒。山椒與胡椒同樣都被當成香辛料使用。

山椒的學名是「Zanthoxylum piperitum」。「Zanthoxylum」表示花椒屬，源自希臘文的黃色、木材；「piperitum」則是如同胡椒之意。

關於「山椒」這個名稱的由來，至少有2種說法。

第一種說法是，「椒」字指結出小小果實的樹木，正好適用於果實顆粒小的山椒。按照這個說法，同樣有「椒」字的胡椒如此命名也是理所當然。

第二種說法是，「椒」字包含了彈出、辛辣之意。山椒的果實會彈射出去，又是

山上可採摘的辛辣食材，因此得名。附帶一提，山椒因為果實會彈出，以前被稱作「はじかみ（hajikami）」，意思是「會彈出的果實（はじける実）」或「彈射出去的果實（はじけた実）」。不過，如今「hajikami」指的是薑。

山椒自古以來就是日本人的食材。《古事記》裡就有提到山椒，由此推斷可能在奈良時代就已經被當成辛辣成分食用。

山椒是生長在日本的落葉植物，如今已遍布日本全國各地，從北海道到九州皆可見到其蹤跡。日本的山椒採收量在二〇〇〇年是200公噸，二〇一五年則約有1千公噸，成長了5倍之多。產地以和歌山縣居冠，約占日本全國產量的70％，其次則是高知縣與兵庫縣。

山椒的品種因產地而異，和歌山縣產量最多的是「葡萄山椒」，被認為是沒有尖刺的「朝倉山椒」衍生品種。

山椒雌雄異株，雌株只開雌花、雄株只開雄花。有些山椒在山中自然生長，也有些被種在庭院裡。不管是雌株還是雄株，都會在春天開出許多黃色小花。

山椒的花是夏天的季語，葉子則是春天的季語。小小的嫩葉被稱為「木之芽」，是日本料理的食材。無論是擺在燉煮料理旁作為點綴、浮在湯品上，還是做成涼拌菜，都很合適。

山椒的果實則是秋天的季語。其果實以辛辣聞名，小小一粒卻又麻又辣。不過，山椒保護果實的方法不光是靠辛辣。其枝幹有尖刺，所以想吃到山椒果實絕非易事。附帶一提，山椒的枝幹可用於製造研磨杵。

山椒的辛辣味主要是山椒素（sanshool）所造成，此外還有油類成分山椒醯胺（sanshoamide）。這些辛辣成分可促進胃液分泌，具有幫助消化的效果，也能改善血液循環，使身體變得暖洋洋的。

二〇〇八年有學者釐清了人體如何感知山椒的辛辣成分。人體用於感知痛覺與辣覺的受器是同一個，所以我們牙痛時嚐到山椒的辛辣味，就不會覺得痛了。人們以前並不瞭解這個機制，但是從經驗中知道能藉由辣味來抑制疼痛。舉例來說，中醫就有牙痛時嚼食山椒止痛的做法。另外，據說美洲原住民也會用美洲花椒來止痛。

山椒除了果實辛辣，葉子也有強烈的氣味。這是為了不讓自己感染病菌，並避免被蟲子或動物啃食。氣味對植物來說，是保護自己的方法之一。

不只是葉子，山椒的果實也有氣味，並因此被用於製作山椒吻仔魚、七味粉以及親子丼等。另外，蒲燒鰻與名古屋名產「鰻魚飯三吃」也都會附上山椒粒來提味。

山椒的葉子與果實的氣味含有檸檬等水果中的檸檬烯、天竺葵（geranium），與薔薇中的乙酸香葉酯（geranyl acetate）、香葉醇，以及柑橘類的香味——香茅醛（citronellal）。

產自飛驒地區的高山市飛驒山椒，是氣味特別強烈的品種，據說採收後就算過了1年之久，氣味也不會變淡。目前已知這是因為山椒含有許多水芹烯之故。水芹烯是橘柑也有的氣味成分。

甜甜的柏葉麻糬香味
可緩和神經系統疾病！

槲樹（殼斗科）

槲樹的原產地是包含日本在內的東亞。學名為「Quercus dentata」，「Quercus」表示櫟屬，源自凱爾特語的「quer（優質的）」和「cuez（木材）」；「dentata」與「dental（牙齒的）」來自同一語源，意思是如同牙齒般的鋸齒狀，指槲樹的葉片形狀。

槲樹的英文名稱為「Japanese emperor oak」。或許是因其原產地在日本，且其巍然屹立的姿態會讓人聯想到「emperor（帝王）」的緣故。

槲樹的日文名稱「カシワ（kashiwa）」由來有2種說法，無論哪一種都跟其葉片又厚又硬的特性有關。

第一種說法是，人們會用厚實的槲樹葉片包裹食物或鋪在食物下方，因此稱之為

「炊葉（kashikiha）」或「食敷葉（kashiwa）」。

第二種說法則是因為槲樹的葉子很硬，所以稱之為「堅し葉（kashiwa）」。

槲樹（kashiwa）跟橡樹（kashi）很容易被搞混，兩者同樣為殼斗科櫟屬，且日文名稱也很相似。不過，槲樹是落葉樹、橡樹是常綠樹，為完全不同的植物。

槲樹雖是落葉樹，但有些樹在冬季期間仍有葉片掛在枝頭上，甚至直到春季。因此，槲樹被視為有樹神安住的「祥瑞之樹」。

此外，日本在端午節時會用到槲樹葉。除了取其祥瑞之意，也因樹葉不會掉光而被認為是子孫興旺的象徵。

槲樹葉還會用在柏葉麻糬上。柏葉麻糬是用槲樹葉包覆麻糬製成的點心，不僅好吃，還能同時聞到槲樹葉的清香。

槲樹葉含有香水等產品中也有的揮發性氣味成分——丁香酚，其結構類似香莢蘭的氣味成分——香草醛，因此帶有些許甜味。

自然界中，草莓、鳳梨等水果都含有丁香酚，羅勒、肉豆蔻的氣味中也有丁香酚。除了甜味之外，這撲鼻而來的香氣還具有抗菌效果，所以拿槲樹葉來包麻糬，可說是善加利用了槲樹釋出的芬多精。

丁香酚與鋅的混合物——氧化鋅丁香酚（zinc oxide eugenol）會被用在牙科治療上，添加於暫時用來填補蛀牙處的填充物中，以保持牙齒潔淨。

丁香酚不但有抗菌效果，還具備抗氧化效果。

包括人體疾病在內，許多疾病都跟氧化壓力有關。所謂氧化壓力，就是因氧化而產生的負面影響。就跟金屬會氧化生鏽一樣，人體與體內細胞也會因為逐年生鏽而引發多種疾病。

尤其是腦部大部分的神經細胞，終生都未進行細胞分裂，需靠多種方式來緩和氧化壓力，如：神經細胞中可降低氧化壓力的蛋白質。這種蛋白質一旦變少，就會引發巴金森氏症（多巴胺的量變少，而出現震顫、面無表情與意志消沉等症狀的疾病）。

研究發現，讓小鼠引發巴金森氏症後，可藉由丁香酚的抗氧化壓力效果來緩和病況。近期研究也顯示，早期發現巴金森氏症的症狀並使用丁香酚治療的話，以人體來說也是有可能預防並治癒的。

可減輕心肌梗塞，

甚至具備抗癌效果的萬能氣味

菖蒲（菖蒲科）

菖蒲曾在日本最古老的和歌選集《萬葉集》中登場。其葉片形狀有如刀劍，因此在日本的端午節——也就是男童節的時候，會被作為裝飾之用，以驅邪避凶。菖蒲的日文「ショウブ（syoubu）」音同「尚武」，所以也有注重武術與軍事之意。

另外，日本的端午節還留有拿菖蒲泡澡的習俗。菖蒲的成分溶於熱水中，可改善血液循環。其根部在漢方中稱為菖蒲根，乾燥後可用於止痛或治療手腳冰冷等症狀。菖蒲浴的熱水中含有菖蒲的丁香酚、細辛醚（asarone）等氣味成分。關於丁香酚的抗菌效果與抗氧化效果，請參考橄樹章節（135頁）。

細辛醚的味道清爽，以前就有學者提出其有抗發炎、抗菌的效果。

二〇二〇年，中國北京的首都醫科大學附屬宣武醫院的研究人員，讓大鼠引發心肌梗塞後給予細辛醚，調查成效如何。細辛醚在漢方中被當成消炎消腫的藥物使用，因此學者認為其對心肌梗塞等心臟疾病應該也有效。

結果發現，依照大鼠的體重每公斤分別給予10、20、30毫克等不同濃度的細辛醚後，造成心肌梗塞的原因——也就是會引發壞死的梗塞部分，會因細辛醚濃度的不同而縮小至不同程度，心肌細胞遭受的損傷也有減輕。除此之外，細辛醚還具抗癌效果，已有多位學者提到其對結腸癌、胃癌、肺癌及淋巴癌有療效，因而備受矚目。

近年來，陸續有學者提到細辛醚與以往的抗癌藥物並用，可提升抗癌效果，或許未來可將菖蒲的氣味成分——細辛醚應用在癌症治療上。

媽媽味的成分是幸福物質「血清素」

薰衣草（唇形科）

薰衣草原產於地中海沿岸地區，是葡萄牙的國花。為何葡萄牙會將其作為國花並沒有定論，或許就像日本人從古至今都很喜歡櫻花跟菊花，薰衣草也一直受到葡萄牙人喜愛，在他們的生活中占有一席之地吧。

葡萄牙與薰衣草的淵源可追溯至古羅馬時期。當時，薰衣草就是深受人們喜愛的藥草。羅馬人建造的澡堂裡會有薰衣草漂浮在水面上，人們似乎很喜愛其氣味與功效。

薰衣草雖然較為耐寒，卻不適合種在高溫多濕的環境裡，所以要在氣候相對溫暖的葡萄牙栽種，必須下一番工夫才行。即使如此，葡萄牙人仍舊喜愛在生活中使用薰衣草製的香氛產品與藥膏，而從「頭狀薰衣草」的花採收的蜂蜜也被廣泛用在葡萄牙料理與甜點中。

薰衣草有法國薰衣草、義大利薰衣草等許多品種。名為「lavandin」的薰衣草株型較大，是一般的英國薰衣草跟穗花薰衣草自然雜交後出現的品種。

學名為「Laveadula angustifolia」的狹葉薰衣草相當具有代表性。「Laveadula」表示薰衣草屬，源自拉丁文的「lavare」，為清洗之意，據說這是因為古羅馬人將其當作沐浴與洗滌之用的緣故。另外還有一說，是因為這種薰衣草帶有藍色調的花朵，故這個字應為表示「帶有藍色調」的拉丁文。

其種小名「angustifolia」的「angus」為細小之意，「folia」則是指葉片，所以意思是這種植物的葉片又小又窄。其舊學名是「Lavandula officinalis」，「officinalis」在拉丁文裡是藥用之意。

據說薰衣草是在江戶時代傳入日本，花語有「纖細」、「優美」等，會在春季至夏季期間開出藍紫色花朵，這種顏色又被稱為薰衣草色。

此外，薰衣草有「芳香女王」之稱，碰觸就會飄散出柔和香氣。薰衣草香可以讓人放鬆而心安，還有催眠效果，所以被稱為「媽媽的味道」。據說還可緩解頭痛與胃痛。

薰衣草香的主要成分是芳樟醇、乙酸芳樟酯。芳樟醇有緩解精神緊繃的效果，可減緩焦慮與焦躁的情緒；乙酸芳樟酯則能安定心神，促進血清素分泌。

薰衣草香會隨著季節出現變化，芳樟醇的含量在秋季會比夏季來得多，乙酸芳樟酯則沒什麼變化。這些氣味成分具有防蟲效果，所以我們不太會看到薰衣草被蟲子啃食的景象。對薰衣草來說，具備這些氣味成分正是為了這個效果。

薰衣草又被稱為「香草女王」，其氣味從以前就被應用在許多方面上。以下介紹薰衣草主要的3種作用。

第一種作用是減輕受傷的程度。「芳香療法」一詞源於法國調香師雷內・莫里斯・

蓋特福斯博士（René－Maurice Gattefossé, 1881－1950），他提到自己的經驗：「有一次我在實驗室因爆炸而嚴重受傷，當時只是用薰衣草精油清潔燙傷處，就緩解了高溫燙傷引發的症狀。」另外，法國軍醫珍．瓦涅博士（Dr. Jean－Valnet, 1920－1995）也於二戰時期，用從法國帶來的薰衣草精油治療受傷士兵的燒燙傷部位。

第二種作用是活化、舒緩腦部活動。嗅聞薰衣草香可舒緩腦部活動，但若將薰衣草的香氣濃度調淡，反而可以提升腦部處理功能。換句話說，不同濃度的薰衣草香，會對腦部產生不同的效果。

第三種作用是抗焦慮。二〇一四年，奧地利維也納醫科大學在研究中指出薰衣草具有抗焦慮效果。這項研究將170名被診斷為焦慮症或失眠的受試者分成2組，一組每日服用80毫克含有薰衣草氣味成分的口服劑，另一組則服用不含薰衣草氣味成分但外觀一模一樣的口服劑。此外，兩組受試者都不知道自己服用的是哪一種。

結果顯示，從第四週開始，服用含有薰衣草氣味成分組的焦慮症狀獲得改善。推測這是薰衣草的氣味成分促使血清素分泌所帶來的效果。

關於血清素，已在苦橙（38頁）、依蘭（60頁）及咖啡樹（80頁）等章節中略微提及，這種物質可調節我們的情感與行動。

除了血清素以外，多巴胺和腎上腺素也具有這種作用。關於多巴胺，請參考槲樹章節（135頁）；關於腎上腺素，請參考鈴蘭章節（22頁）。

血清素又被稱為「幸福物質」。舉例來說，在哺乳期間，母親的腦內會分泌許多血清素，而這些血清素可以透過母乳讓小寶寶攝取到。小寶寶喝母奶時的幸福笑臉，或許就是拜這種物質所賜；相反地，母親腦內的血清素分泌得少，似乎就會引發產後憂鬱症。

可改善記憶力的超級水果

萊姆（芸香科）

萊姆原產於印度與馬來西亞，學名為「Citrus aurantiifolia」。各位或許對這種水果並不熟悉，但是以全世界來說，其為產量僅次於檸檬的香酸柑橘類。酸味強烈的汁液可製成果汁或雞尾酒。

此外也有比檸檬略小的「大溪地萊姆」，以及尺寸更小的「墨西哥萊姆」，主要生產國為墨西哥、埃及與印度。日本從墨西哥進口的許多萊姆就是墨西哥萊姆，日本國內也有愛媛縣、香川縣與大分縣等地栽種。

萊姆的主要氣味成分是檸檬烯、松油醇及桉樹醇等。啤酒也含有松油醇。

二〇一六年六月，芳珂公司的研究人員發現，松油醇可增加與記憶有關的腦部區域血流量，因此引起人們對松油醇能否改善記憶力的興趣。

根據這項研究成果，芳珂公司在二〇一九年至二〇二〇年的特定期間內推出名為「Active Memory」的商品，其內容物是6片帶有香味的貼片。廣告表示，想專注思考、轉換心情、積極採取行動時，將之貼在衣服上即可。不過這是以日用雜貨為名義販售，因此並未特別宣傳這種氣味對記憶力的改善效果。總而言之，這項商品今後的發展備受期待。

松油醇不只是萊姆所含的成分而已，迷迭香、紫丁香與月桂也都含有這種成分。其氣味高雅，因此也被用於製造化妝品與香皂。

第六章

功效強大的氣味

氣味可讓食材與料理的味道更有深度，並透過味覺影響我們的身體與心靈。近年來，氣味的新作用逐漸被揭露，而我們也漸漸瞭解其運作機制。

不僅能帶來放鬆效果，
據說還有助於恢復認知功能！

香橙（芸香科）

香橙原產於中國的揚子江上游一帶。奈良時代傳入日本，至今已有大約1300年的栽培歷史。學名為「Citrus junos」，「Citrus」表示柑橘屬，「junos」則來自其日文名稱「yuzu」。英文名稱跟日文名稱一樣都是「yuzu」。

中國古代記載中稱香橙為「柚」，據說因其果汁像醋一樣酸而被叫作「柚酢」，後來音變成「柚子」，故又稱日本柚子。

香橙早已成為日本人日常生活的一部分，除了用於製作柚子胡椒、柚子味噌醬等調味料之外，日本人還會在冬至用來泡澡。苦橙章節（38頁）介紹過世界三大香酸柑橘類，但要是說到日本的三大香酸柑橘類，那就是香橙、酢橘與臭橙了。香橙的產地以高知縣最有名，德島縣、愛媛縣等地也有栽培。

俗話說「桃栗三年柿八年」，這說的是從發芽到初次結果需要多少年，後面會接各種琅琅上口的有趣句子，如：酸溜溜的梅子要十三年、阿呆梨子十三年、笑咪咪的蘋果要二十五年等。關於香橙的，則是「桃栗三年柿八年，大笨蛋柚子要十八年」。事實上，香橙從發芽到初次結果的幼樹期為7～20年，會因栽培條件不同而有相當大的差異。

香橙的成分據說可恢復認知功能。二〇一三年，韓國研究團隊以大鼠進行研究，發表了相關結果。這項實驗先將被認為是引發失智症原因的老年斑注入大鼠腦內，然後在大約1個月後觀察大鼠的行為並測量有多少老年斑。

失智症患者的腦內會積存大量老年斑，這項研究就是為了模擬這個狀態。

結果顯示，被注入老年斑的大鼠中，餵食過香橙萃取液的大鼠，老年斑數量約會減至四成左右。此外，在檢測記憶力的環節中，被注入老年斑的大鼠的記憶力只有一般大鼠的一半左右，但餵食香橙萃取液後，記憶力便會恢復到跟一般大鼠差不多（90%）的程度。

這是首度有學者提出香橙萃取液可改善失智症狀。這項研究當中用到的香橙萃取液含有許多芸香苷（rutin）、芸香柚皮苷（narirutin）與柚皮素（naringenin）等多酚類，學者認為是這些物質所帶來的效果。

此外，香橙的氣味也對健康有益。前面提到日本人習慣在冬至用香橙泡澡。一般認為，是因為日文裡「冬至」跟泡湯治病的「湯治」同音的緣故。用香橙泡澡並不會攝取到營養成分，但人們認為其香氣與成分能有益於肌膚。

近年來有學者用香橙的氣味進行研究，結果發現其香氣也有緩解壓力的效果。二〇一四年，京都大學與四天王寺大學發表了共同研究成果。當我們感覺到壓力時，唾液中的嗜鉻粒蛋白A（chromogranin A）就會增加。這項研究透過測量這種物質的量，調查香橙的香氣是否有緩解壓力的效果。

研究人員先將20名健康女性（平均年齡20・5歲）分成２組。一組嗅聞含有香橙香氣的液體10分鐘，另一組則嗅聞並未添加香氣的液體。

結果顯示，嗅聞香橙香氣組唾液中的嗜鉻粒蛋白Ａ數值很快就降為嗅聞前的八成左右，可見壓力獲得了緩解；另一方面，對照組的嗜鉻粒蛋白Ａ數值，反而增加到嗅聞前的1.2倍。此外，嗅聞香橙香氣組即使在30分鐘過後，嗜鉻粒蛋白Ａ的數值仍然維持在較低狀態（約為嗅聞前的七成），而對照組則是跟嗅聞前的數值幾乎一樣。

香橙的香氣中至少含有300種左右的氣味成分。這項研究所用到的氣味中，含量最多的是檸檬烯，約占78％，其次則是γ－萜烯（γ-terpene）、香葉烯（myrcene）及蒎烯等。這些氣味被認為可以緩解壓力。

跟香橙的香味只有些許差異

檸檬（芸香科）

檸檬據說原產於印度東部的喜馬拉雅地區。其學名為「Citrus limon」，「Citrus」表示柑橘屬，「limon」則是檸檬。自古以來，法國與西班牙都稱之為「limon」。如葡萄柚章節（29頁）介紹過的，「Citrus」來自拉丁文的「citrus」，意思是枸櫞樹。其英文名稱為「lemon」。

枸櫞以前是芸香科柑橘屬的某種植物名，後來才變成為檸檬樹的名稱，故一般認為枸櫞是檸檬的原種，這也是檸檬的酸味來源——枸櫞酸（citric acid，亦稱檸檬酸）的名稱由來。

枸櫞酸可促進新陳代謝、消除疲勞，並防止夏天食慾不振。所以有句順口溜是

「九月三日，枸櫞酸之日」，提醒我們在天氣熱而懶洋洋、沒胃口時，可以攝取一點枸櫞酸。

檸檬的氣味也常被應用在我們的日常生活中，例如檸檬風味水或冰淇淋等。檸檬氣味的主要成分是名為「檸檬烯（limonene）」的味道，這個字源自「檸檬（lemon）」。檸檬烯的特性是一旦受熱、受光或接觸到氧氣，就會急速氧化分解，所以添加在飲料、點心裡的檸檬香精並非檸檬烯，而是性質更穩定的檸檬醛（citral）。檸檬醛是用檸檬也有的香葉醛（geranial）跟稍有甜味的橙花醛（neral）混合的氣味所製成。

檸檬含有許多氣味成分，擠壓檸檬皮並分析其成分的話，可以找出約40種氣味物質，其中含量最多的是檸檬烯，約占75〜80％。葡萄柚章節（29頁）已經詳細介紹過檸檬烯了，這也是香橙含量最多的成分。除了檸檬烯以外，檸檬還含有γ－萜品烯（γ-terpinene）、香葉烯等氣味成分。

檸檬含量最多的3種氣味成分與香橙完全一致，我們卻能分辨出兩者的氣味差異，是因為香橙含有極少量的特殊物質，如：香橙素（yuzurin）。另一方面，雖然目前並未發現檸檬有什麼特殊的氣味成分，但可以想見其中含有未知物質。氣味這種東西，只要摻雜了極少量的其他物質在內，就會給人不同的感受。

酢橘（芸香科）

有助於胰島素發揮作用的神奇氣味

酢橘在江戶時代（約300年前）誕生於如今的德島縣，是香橙的近緣種。據說日文名稱原本是「酢橘（sutachibana）」，意思是像醋一樣酸的橘柑，後來轉變成「スダチ（sudachi）」。原產地為日本，故英文名稱為日文音譯「sudachi」。

酢橘是德島縣的特產，日本國內生產量約有98％從這裡出產，為產量僅次於香橙的香酸柑橘類。酢橘有「東洋檸檬」之稱，是日本料理中不可或缺的配角，烤魚跟松茸土瓶蒸等料理都少不了要滴上幾滴來增加香氣。

酢橘果實呈小球狀，裡面有7～10顆種子。擠壓果實，種子便會隨著果汁掉進菜餚裡，吃起來很不方便。為此，德島縣近年來致力於開發無籽酢橘，解決這美中不足的缺點。

酢橘的氣味中不僅含有多種成分，含量也很豐富。這些成分大多存在於果皮中，學者還在其中發現酢橘皮素（sudachitin）與甲氧基－酢橘皮素（methoxy－sudachitin）這兩種其他柑橘類所沒有的成分。這正是酢橘獨特清爽風味的來源，可緩解焦慮與焦躁的情緒，有助於解除壓力。

二〇〇六年，德島大學的研究團隊發表的研究結果顯示，酢橘皮素還有助於胰島素發揮作用。胰島素可降低血液中的血糖值，若酢橘皮素的作用獲得證實，酢橘就能被應用在糖尿病治療上。

另外，也有研究提到酢橘皮素可改善新陳代謝、幫助脂肪燃燒，並且抑制體重增加。該項研究結果顯示，以脂肪含量高的飼料餵食小鼠並給予酢橘皮素，3個月之後，小鼠的內臟脂肪量會降至對照組的一半。

可讓身體細胞保持活力的氣味

臭橙（芸香科）

臭橙原產於喜馬拉雅，英文名稱是「kabosu」，學名為「Citrus sphaerocarpa」。

臭橙自古以來就分布在日本的九州地區，尤其是大分縣一帶，有些樹木的樹齡高達兩三百年。因此，一般認為臭橙是在江戶時代傳入日本的。

臭橙跟香橙、酢橘並列為日本的三大香酸柑橘類，據說以前會用其果實來熏蚊子或在熏過蚊子後採收，後來熏蚊子「蚊をいぶす（kawoibusu）」因地方腔調的差異而變成臭橙「香母酢（kabosu）」。

酢橘跟臭橙很容易被搞混，不過兩者的果實大小不同，臭橙有如網球，酢橘則是如高爾夫球。

臭橙不僅含有枸橼酸與鉀等成分，還富含清爽風味的來源——檸檬烯、香葉烯等氣味成分。這些都是能幫食材提味的重要配角，所以臭橙跟酢橘一樣，自古以來就是日本料理中不可或缺的食材。

溫州蜜柑、檸檬等柑橘類頗具代表性的氣味——檸檬烯，占了臭橙氣味成分的七成以上，除了能讓人靜下心來、舒緩壓力以外，還能促進血液循環、消化作用，且具有抗菌效果等。柑橘類被認為有益健康，就是拜檸檬烯所賜。

香葉烯是具有刺激性的濃郁氣味成分。除了能帶來放鬆效果，據說也具備抗氧化效果，可讓身體細胞保持活力。

同樣是蘘荷，味道卻清爽宜人

茗荷（薑科）

茗荷原產於印度等熱帶亞洲，以及日本與中國等東亞地區。學名為「Zingiber mioga」，「Zingiber」表示薑屬，在梵文裡是水牛角的意思，有人說是其雄蕊的形狀像角，也有人說是其塊莖像角；種小名「mioga」為其日文讀音，這是以日文名稱作為種小名的少見例子。

茗荷的英文名稱「myoga」也是直接沿用日文名稱，另外還有「Japanese ginger」這個稱呼。「ginger」就是薑，所以意思是「日本薑」。

茗荷在江戶時代從日本傳入歐洲。關於其日文名稱「myoga」與漢字名稱，流傳著一則故事：

創立佛教的釋迦牟尼佛有個弟子非常健忘，連自己的名字都會不小心忘記，因此不得不在名牌寫上名字並掛在脖子上。然而，這名僧侶連脖子上掛著名牌這件事都忘了，到死都不記得自己的名字。這名僧侶去世後，墳上長出不知名的草，而這種草就被取名為「myoga」，意即辛苦背負著自己名字的僧侶之草。

不過，還有另一種偏向讚揚的說法，這位僧侶因為一心一意專注於修行，才覺得自己的名字一點也不重要。

附帶一提，據說吃了茗荷，就會變得健忘。不過這並沒有得到證實，可能是源自這則故事的衍生，或是其味道太過刺激，父母就這麼說以免孩童食用。

茗荷生長在不太曬得到太陽的地方，嫩芽會在夏季萌芽。嫩芽外側包覆著紅色外皮，裡面則是有著白色花瓣的花蕾，稱為「茗荷子」，可供食用。

茗荷的花蕾一旦冒出頭，大多在開花前就會被摘下食用，所以日本有句話「出ては採られるミョウガの子（茗荷子一冒出頭就會被採摘）」，用在賭博上就是「手氣正旺卻被自摸」的意思。

茗荷氣味的主要成分是蒎烯，對孩童來說偏刺激，但也因此常被作為麵線或涼拌豆腐的佐料。據說茗荷的氣味可鎮靜亢奮的神經，並且緩解壓力，而這其實是蒎烯所帶來的效果。

另外，茗荷的氣味也可以提神醒腦，很適合用來讓自己清醒一下。

然而松樹章節（71頁）中提過，蒎烯可以縮短入睡所需的時間，由此可知松樹的蒎烯有助眠的效果。

乍看之下，茗荷的蒎烯與松樹的蒎烯具有相互矛盾的效果，這其實是因為氣味的效果會因為成分濃淡不同而出現差異。舉例來說，有人覺得椿象的味道很臭，但只要這股味道沒那麼濃，很多人就會覺得聞起來像是黃豆的豆腥味。

除此之外，每個人對氣味的感受也不同。例如，有人覺得萬壽菊的味道是香草植物的濃郁香氣，但也有人覺得聞起來像貓尿味。我們對氣味不同的感受方式，可能會反映在氣味的作用上而出現差異。

以我們平常會聞到的菸味為例，有的人對菸味深惡痛絕，但也有人覺得「飯後一根菸，快樂似神仙」。

湯品跟親子丼的絕佳配角，但要小心會提升食慾！

鴨兒芹（繖形科）

鴨兒芹原產於日本，學名為「Cryptotaenia japonica」。「Cryptotaenia」的「crypto」是藏起來或找不到的意思，「taenia」則是指帶子或繩子等。據說如此命名是因為鴨兒芹的油腺藏於種子的緣故；「japonica」表示原產於日本。

供人們食用的鴨兒芹是人工種植的。鴨兒芹的一枝葉柄上有3片小葉子，正如其日文名稱「三葉」所示。只要種在庭院一角，輕輕鬆鬆就能採收氣味芬芳的鴨兒芹。而且鴨兒芹的繁殖力很強，只要曾在庭院裡種過，就算完全不管，隔年也會冒出芽。用餐時，在湯品或味噌湯裡放一點鴨兒芹，就能品嚐到其獨特的清香。

另一方面，有時走在野外或山路上會看到野生的鴨兒芹，這些鴨兒芹大多有著大大的葉片。雖然可以吃，但苦澀味較重，必須充分汆燙殺青才行。

而帶有嗆辛味與苦澀味的成分，正是病菌與蟲子討厭的物質，這些未經人工栽培、生長在大自然中的鴨兒芹就是藉此保護自己的。

除此之外，鴨兒芹的氣味還具有提升食慾的作用，因此放入湯品中能讓人食慾大增。

鴨兒芹的濃郁氣味成分為鴨兒芹烯（cryptotaenene），為根據其屬名而命名。

葡萄酒怎麼會有胡椒香？

胡椒（胡椒科）

胡椒原產於印度南部，學名為「Piper nigrum」，「Piper」表示胡椒屬，「nigrum」則是黑色之意。英文名稱為「pepper」。

胡椒在8世紀以前經由中國傳入日本，但是在17世紀以後才被人們普遍食用。「胡」字表示其來自西方胡國，同樣命名方式還包括瓜類的「胡瓜」；「椒」字如同山椒章節（131頁）介紹過的，是指小小的果實，所以胡椒就是指來自胡國的小小果實。此外，也有人說「椒」字有氣味芬芳的涵義。

胡椒還是非洲地區賴比瑞亞的國花。

賴比瑞亞位於非洲大陸西側，於一八四七年七月由曾在美國打拚的黑人所建立。

其國名「賴比瑞亞（Liberia）」源於「自由（liberty）」一字。因此，賴比瑞亞有許多傳統料理都跟美國南部的料理很像，湯類、燉菜及肉類中都會灑上胡椒。胡椒作為賴比瑞亞民眾日常使用的香料，自然便成了國花。

其實有許多國家會像這樣，以日常使用的香料或香草植物作為國花。例如，薰衣草節（141頁）提過的葡萄牙國花——薰衣草，還有俄羅斯的國花——德國洋甘菊。

胡椒、薑與山椒的味道都被歸類為辛辣，不過它們在植物學上並沒有親緣關係，分別隸屬於胡椒科、薑科以及芸香科，因此其辛辣成分也各不相同。

胡椒的果實被譽為「天國的種子」，含有辛辣的胡椒鹼（piperine）與微辣的胡椒脂鹼（chavicine）等辛辣成分。胡椒鹼具有抗菌、防腐及防蟲的效果，因此在冷凍技術尚未發達的時代被用在肉類等食材的保存上。

另一方面，薑含有薑辣素與薑酚，山椒則含有山椒素等辛辣成分。這些植物製造出辛辣物質來保護自己，就是為了避免被昆蟲或鳥類等動物啃食。

胡椒與肉豆蔻、丁香以及肉桂並稱「四大香料」，甚至被譽為「香料之王」，是因為胡椒不僅有香氣、可除臭，而且味道辛辣，因此被廣泛應用。

胡椒又可分成黑胡椒與白胡椒。黑胡椒是用尚未成熟的果實乾燥製成，白胡椒則是以完全成熟的果實除去果皮後製成。以辛辣程度來說，黑胡椒比白胡椒還要辣，不過兩者的辛辣成分其實是一樣的。

日文裡有「コショウの丸吞み（囫圇吞胡椒）」的說法。胡椒整粒吞下去並不辣，但咬碎就會覺得辣。所以這個俚語就是指含糊籠統地瞭解事情，並無法理解其真正的涵義，必須像是嚼碎般詳細瞭解才行。

胡椒氣味的主要成分是石竹烯、芳樟醇，此外還含有許多莎草薁酮。

近年來，有人說在喝葡萄酒時會嚐到胡椒般的香氣，並因此掀起一陣風潮。雖說這個感受因人而異，但為什麼會這樣呢？有學者針對這個疑問進行研究，並且找到了答案。

希哈葡萄含有莎草薁酮此一氣味成分，因此以這個品種製成的法國希哈紅酒（澳洲稱為希拉滋紅酒）便含有胡椒的氣味成分——莎草薁酮。

引發話題的世界級香辛料新功效

山葵（十字花科）

山葵喜愛涼爽的氣候與遮蔭處，自古以來就生長在日本河谷的清澈溪流中。葉片形狀跟江戶幕府的德川將軍家的家紋——三葉葵長得很像，日文漢字「山葵」即是取生長於山中的雙葉葵之意。

山葵很適合搭配壽司、生魚片等日本料理，畢竟其為原產於日本的植物。因此，山葵的英文名稱跟日文名稱一樣，叫作「wasabi」。

不過，有一種同樣是十字花科的植物「辣根」，跟山葵長得很像。辣根原產於東歐，日文名稱為「西洋山葵」。雖同為十字花科，但辣根不是山萮菜屬，而是辣根屬。為了有所區別，山葵又被稱為「Japanese horseradish」，在前面加上表示日本的「Japanese」。

山葵作為日本特有植物，常見的學名是「Wasabia japonica」。「Wasabia」表示山葥菜屬。學名必須使用拉丁文，故在日文名稱「wasabi」的語尾加上「a」；後面接上「japonica」，意即原產於日本。因此，完整意思就是原產於日本的山葥菜屬植物。

另外，山葵還有「Eutrema japonicum」這個學名。「Eutrema」表示山葥菜屬，意思是美麗的（eu）凹窩（trema），不過這個凹窩不確定是指山葵根莖上的葉柄脫落痕跡，還是果實與種子的表面凹凸之處。

想要品嚐山葵的辛辣味需將之磨成泥，因為未被磨成泥的山葵並不辛辣。

山葵的食用部位——根莖部含有芥子甙（sinigrin），是山葵具有刺激性氣味與強烈辛辣味的來源，不過這種物質本身並沒有味道、也不辛辣。

將山葵的根莖部磨成泥時，汁液中含有的芥子酶（myrosinase）就會與芥子甙發生反應而產生異硫氰酸烯丙酯，散發出刺激性氣味與辛辣味。所以將山葵磨成細細的泥、多磨出一點汁液，氣味與辛辣味就會更濃。

一般吃生魚片的時候，都會搭配山葵跟醬油。其實這麼做是為了提升辛辣度，但可不是靠著醬油的鹹味來提升辛辣度喔！

一九九九年，椙山女學園大學在研究報告中指出，剛磨好的山葵泥每公克含有0・91毫克的辛辣成分（異硫氰酸烯丙酯）；若在山葵泥中倒入淡口醬油，辛辣成分就會增加為1・55毫克，約為2倍。換言之，山葵的辛辣成分跟醬油拌在一起，就會增為2倍。這是因為會把芥子甙轉變成辛辣味的芥子酶，在有鹽分的環境裡活性更佳。

此外，椙山女學園大學還進行了另一項研究。埋在土中的山葵根部含有較多辛辣成分，不過是靠近葉子的上半部還是下半部比較辣呢？研究發現，用根部上半部磨成的山葵泥，每公克含有0・73毫克的辛辣成分；用根部下半部磨成的山葵泥，每公克則含有1・69毫克的辛辣成分，多達2倍以上。可見山葵的根部前端確實比較辣。

我們在吃山葵時常常感到嗆鼻，是因為異硫氰酸烯丙酯這種辛辣成分具有揮發性，會從口中傳入鼻腔，對鼻腔裡的痛覺受器造成刺激而讓人覺得嗆鼻；辣椒等植物的辛辣成分——辣椒素則不易揮發，故在食用時並不嗆鼻。

山葵嗆鼻的氣味也常用於諷刺時事的川柳（編註：日本一種詩歌形式）與漫畫中。若有人用「ワサビが効いている（山葵很嗆鼻）」來形容某部作品，就是在稱讚其詞鋒犀利、一語中的。

此外，據說山葵的氣味具有抗菌效果，可抑制霉菌繁殖與細菌增生。關於這個說法是否為真，就抑制霉菌繁殖這點可透過簡單的實驗來驗證。

首先，準備2個可密封容器，在其中放入容易發霉的年糕等食品。接著，在一容器中放入盛裝著山葵泥的小碟子，在另一容器中放入未盛裝山葵泥的小碟子，並將兩者都密封起來。

將容器放到暖和的地方幾天過後，會發現放入未盛裝山葵泥小碟子的容器裡的年糕發霉了，另一個放入山葵泥小碟子的容器裡的年糕則沒有發霉。

有鑑於此，有廠商推出「山葵保鮮抑菌片」商品，其中便添加了山葵氣味成分膠囊，可用於延長超市等處販售的便當或鐵路便當、各種熟食或年菜等食物的保存期限。

芥菜（十字花科）

成分跟山葵一樣，卻只能用在關東煮跟冷麵上

據說芥菜原產於中亞，學名為「Brassica juncea」。「Brassica」在拉丁文裡指高麗菜，表示隸屬於蕓薹屬；「juncea」的意思是跟藺草很像，所以芥菜是跟藺草很像的十字花科植物。不過，就像藺草章節（77頁）所介紹的，藺草隸屬燈心草科，兩者何處相像現今實在難以定論。

芥菜在很久以前就傳入日本，並且被人工栽種。平安時代編纂成書、現存最古老的藥物辭典《本草和名》就有提到「加良之（karashi）」（編註：芥菜日文為カラシナ，karashina）。根據記載，芥菜在平安時代就被當成藥用植物栽培。

芥菜的英文名稱是「Japanese mustard」、「mustard」即為芥菜。特地加上

「Japanese」一字，是為了跟明治時代以後傳入日本、成為歸化植物（編註：意即外來物種）的西洋芥菜有所區別。

芥菜的辛辣味與同為十字花科的山葵一樣，來自芥子甙。我們熟悉的「芥末（karashi）」，就是將芥菜的種子磨成粉，將之加水拌勻、使粉末中的芥子酶活性提升後，芥子甙便會轉變成辛辣成分異硫氰酸烯丙酯。「芥末」一詞也會用來直接指稱芥菜的種子，除了作為香辛料使用，有時也被當成神經痛等疾病的治療藥物，敷貼於患部。

看到這裡，各位可能會疑惑，芥末與山葵的氣味跟辛辣成分都是異硫氰酸烯丙酯，為什麼氣味跟味道都不一樣呢？這是因為兩者跟辛辣味摻雜在一起的其他成分並不一樣的緣故。

第七章

藏在臭味裡的祕密

本章將介紹植物的臭味冷知識。這些氣味看似沒什麼用處，其實潛藏著不為人知的祕密……

名曲〈仙客來的花香〉其實暗指佳人？

仙客來（報春花科）

仙客來的原產地是地中海沿岸地區。每當聖誕節與元旦即將到來，各地花店都會在店裡擺上色彩繽紛的盆栽，仙客來因此被稱為「盆花之王」。

不僅如此，仙客來還有「篝火花」、「冬花女王」等響亮的稱號，甚至有一個不太好聽的稱號「豬麵包」。這些稱號其實都分別展現了仙客來的特徵。

仙客來的花瓣有5片，都是從下往上反捲。其火紅色花瓣反捲向上的模樣，看起來就像是熊熊燃燒的篝火，因此有了篝火花此一別稱。

關於仙客來為什麼是朝下開花，有個說法是因為其原產地（地中海沿岸地區）在仙客來開花的冬季雨量豐沛，若朝上開花，雨水便會積在花朵中，而一旦花粉被雨水打濕，就無法授粉了。

另外，仙客來的花期很長，即使元旦過後仍可作為寒冬的點綴，讓人忘卻寒冷，因此被譽為冬花女王。

仙客來在地面上的部分枯萎時，地面下的部分會長出大大的球根，因此被比喻為「Sow Bread（豬麵包）」。

大約40年前，歌手布施明演唱的〈仙客來的花香（シクラメンのかほり）〉成為暢銷金曲，然而當時這種花並沒有香味。仙客來原種所開出的花是有香味的，但後來不執著於味道，而是將重點擺在花的顏色、開花數量以及耐寒程度等特性上，因此歷經多次品種改良後，就沒有香味了。

這首歌曲走紅後，許多人都對仙客來的香味感到好奇，努力想培育出有香味的仙客來品種。後來終於成功培育出來，因此如今的仙客來才會有具備香味的品種。

不過，至今仍不知道這首歌裡的「花香」究竟是指什麼。有個說法是，這首歌寫的不是「花香（kaori）」，而是創作者小椋佳的太太「佳穗里（Kahori）」。

名稱與氣味都很不雅，開花模樣卻風姿綽約

雞屎藤（茜草科）

雞屎藤的原產地是包含日本在內的東亞。英文名稱為「null」，意思是沒有價值。學名為「Paederia scandens」，「paederia」在拉丁文裡意即惡臭，「scandens」則是指蔓性。日文名稱為「屁糞葛」，「葛」字指的也是以藤蔓依附生長的植物，表示其為爬藤植物。

雞屎藤伸出捲鬚、長出茂密的小葉子後，夏天就會開出漏斗型小花。花朵中央帶有紅色，猶如艾灸後出現的灸痕，所以在日文裡又稱「灸花」。另外還有「早乙女花」這個別稱。

想知道路邊的植物是不是雞屎藤的話，只要搓揉葉片等部位聞聞看就行了。雞屎

藤的葉片會散發出名符其實的「屁糞」氣味。這股惡臭來自硫醇（mercaptan），站在雞屎藤旁並不會聞到，但只要搓揉一下葉片就會飄散出氣味，這是雞屎藤為了在被蟲子或動物啃食時保護自己的緣故。日本《萬葉集》中就曾出現「屎葛（クソカズラ）」這個名稱。到了江戶時代，「屎葛」這兩字似乎已不足以形容其臭味，又加上了「屁」字而成為「屁糞葛（ヘクソカズラ）」。

雖然雞屎藤的知名度不高，但只要留心觀察，就能在生活周遭發現其蹤跡。所以當我第一次聽到它的名號時，很訝異於怎麼會用這麼不雅的名稱。不過拜此所賜，只要聽過一次，就絕對忘不了這種植物。

不過，以前的人應該不是因為厭惡才取這麼過分的名字。我反而覺得正好相反，因為是生活中熟悉的植物、對其產生感情，才會取這樣的名字，就像是好朋友會用有趣的綽號來稱呼彼此一樣。

魚腥草（三白草科）

氣味不討喜，卻是三大民間用藥之一

魚腥草的原產地是包含日本在內的東亞。學名為「Houttuynia cordata」。「Houttuynia」表示蕺菜屬，取自荷蘭醫師兼植物學家馬蒂努斯・胡圖恩（Maarten Houttuyn, 1720–1798）的姓氏；「cordata」意即心型的，因葉片形狀而如此命名。

魚腥草的英文名稱有「lizard tail」、「fish mint」及「fish herb」等。「lizard tail」的意思是蜥蜴的尾巴。因為拔魚腥草時，很容易只拔起地面上的部分，地面下的部分則斷在土裡，有如蜥蜴斷尾。

「fish mint」、「fish herb」等稱呼有個「魚」字，則是比喻其氣味聞起來像魚。此外還有「chameleon plant」這個英文名稱，因其斑葉品種帶有綠色或紅色，有如會改變體色的變色龍。

魚腥草會成簇生長在溫暖、略潮濕的庭院一角或道路兩旁。近年來有重瓣品種，花開時很漂亮，有人會特地栽種，不過魚腥草大多仍被視為雜草。

魚腥草的葉片為心形，葉緣與葉柄帶有紅色，搓揉葉片就會散發出含有魚腥草素（decanoyl acetaldehyde）的強烈氣味，其聚集叢生之處也會微微飄散著這種氣味。魚腥草的日文「ドクダミ（dokudami）」，就是從毒素積聚之意的「毒溜め（dokudame）」而來。另外還有一個說法，因為魚腥草具有抗菌與殺菌效果，故從排除毒素之意的「毒矯め（dokudame）」而取名。

話雖如此，魚腥草並沒有毒，其葉子甚至自古就有具10種藥物功效之說，因此又稱「十藥」，為日本的三大民間用藥之一。以魚腥草乾燥的莖葉煎煮而成的湯藥，具有利尿、通便、驅蟲以及預防高血壓等療效。另外，傷口和化膿處也可用新鮮的魚腥草葉貼敷，乾燥的葉片也能煮成健康茶。據說魚腥草茶可預防動脈硬化，並且有利尿效果，而這都歸功於槲皮苷等成分。魚腥草葉在盛夏前的五月至七月富含這種成分，適合這時採摘。

自古以來，就有幾種方便有效的植物被用在輕微傷勢與疾病治療上。前面提到的三大民間用藥，另外兩種就是日本當藥（龍膽科）與中日老鸛草（牻牛兒苗科）。日本當藥的日文名為「千振」，意思是浸在水中1千次仍然很苦，其苦味成分是腸胃藥的原料；中日老鸛草的日文名為「現證據（或驗證據）」，因為喝下其乾燥莖葉煎煮而成的湯藥，馬上就有止瀉效果。

臭得有理的腐肉味

大王花（大花草科）

大王花生長在亞洲熱帶地區，原產地是東南亞的蘇門答臘島。學名為「Rafflesia arnoldii」或「Rafflesia keithii」，以開出世界上最大的花而聞名。其花大的直徑約有1公尺，重達7公斤。雖然花朵如此巨大，卻是寄生植物，會寄生在葡萄科植物上。由於開出這麼大的花所需的營養全都由宿主供給，大王花有花蕾，卻沒有莖葉，是相當奇妙的植物。

二〇二〇年一月，有一株有史以來最大的大王花引發了話題，花朵直徑達111公分，比之前創下紀錄的107公分還大。

大王花為雌雄異株，當雌花沾上另一株大王花的花粉，兩株的特性便會混合在一起，可產生不同特性的種子。而具備多種性質的種子，就能在各種環境中存活。

為此，大王花必須仰賴昆蟲將花粉從另一株大王花那裡帶過來，所以會釋放出強烈的氣味來吸引昆蟲。正因如此，大王花的氣味才會如此讓人印象深刻。

對我們來說，盛開的大王花散發出的氣味奇臭無比，有如腐肉味；然而這對蒼蠅來說是無法抗拒的好味道，可以吸引牠們前來授粉。

目前我並未看過任何以大王花氣味成分為主題的研究，不過已知腐肉散發出的氣味是名為二甲基三硫（dimethyl trisulfide）的含硫物質，因此一般認為大王花的氣味中含有這種成分。

腳臭味、腐肉味、老人味……
可怕氣味三重奏

巨花魔芋（天南星科）

記載著各項「世界之最」的《金氏世界紀錄》中，世界上最大的花是巨花魔芋的花，其日文名意即「燭台大蒟蒻」。被比喻為燭台的部分是大型苞片，稱為「佛焰苞」。

巨花魔芋的直徑可達150公分，不過是由許多小小的雌花與雄花被大苞片包住所形成，所以從單一朵花的大小來看，大王花才是世界上最大的花。

二〇一〇年的夏天，東京大學附屬小石川植物園裡的巨花魔芋開花，花高約156公分，僅開了2天。其花軸的溫度在這段期間內上升，釋放出濃郁的味道。

巨花魔芋跟大王花一樣，散發出的氣味是魚類或肉類的腐臭味。但不同的是，有學者擷取其氣味進行了分析，分析結果在同年十二月發表。

巨花魔芋除了跟大王花一樣有肉類腐敗味之外，還被形容像摻雜了臭襪子的氣味。

經分析，其主要成分跟肉類腐敗所釋放的氣味一樣是二甲基三硫這種含硫物質。此外，還含有異戊酸（isovaleric acid），其味道就像腳臭味、穿很久的襪子味、納豆味、汗臭味、老人味。

除此之外，巨花魔芋的氣味還摻雜了類似瓦斯味的硫代乙酸甲酯（methyl thioacetate），這些成分都讓其氣味變得更加可怕。

為何昆蟲都會掉入這個陷阱呢？

萊佛士豬籠草（豬籠草科）

植物通常是從土壤吸收養分而成長。然而，食蟲植物生長在貧瘠的土地上，並不仰賴來自根部的營養，而是透過昆蟲來補充養分。因此，食蟲植物在英文裡叫作「carnivorous plant」，「carnivorous」即為肉食性之意。

全世界的食蟲植物可分成10科，約有600種。其用來捕食昆蟲的特殊器官稱為「捕食器官」，可以根據捕食器官的類型來幫食蟲植物分類。

第一種稱為「掉落式陷阱型」，靠著裝有消化液的壺型葉片來捕食昆蟲；第二種是「沾黏型」，利用葉片上的黏液來捕捉昆蟲；第三種是「捕夾式陷阱型」，用葉片夾住昆蟲；第四種是「袋狀陷阱型」，將昆蟲吸入袋狀結構裡。

豬籠草的英文為「nepenthes」，主要分布在馬來西亞、婆羅洲等赤道附近的東南亞地區，屬第一種類型的爬藤類食蟲植物。昆蟲一旦進入豬籠草中，就會因腳下滑溜溜的而難以脫逃。

為了吸引昆蟲靠近，豬籠草在外觀跟氣味上都下了一番工夫。有學者將豬籠草的捕食器官塗成黃色、綠色及紅色等顏色，並調查什麼顏色比較容易捉到蟲子。結果發現，捕食器官的顏色偏紅，最容易吸引昆蟲靠近。

另外，昆蟲會用紫外線來觀看植物，因此只要以紫外線照射植物，就可以知道昆蟲眼中的世界是什麼樣子。令人驚訝的是，在紫外線照射下，食蟲植物看起來跟可見光下看到的樣子完全不同。豬籠草的捕食器官入口處看起來會熠熠生輝，難怪昆蟲會被吸引。

豬籠草不只靠視覺來吸引昆蟲，還會同時利用氣味。一九九六年，英國蘇格蘭亞伯丁大學的研究團隊比較了豬籠草上下方捕食器官中的液體成分。結果發現，上方結瓶的捕食器官中的液體，含有較多芳樟醇、檸檬烯等甜美芳香的成分。而事實上，上方捕食器官捕捉到的也大多是會被香味吸引的蜜蜂、蒼蠅等昆蟲；下方捕食器官則大多捕食蜘蛛、螞蟻等在地面上活動的昆蟲。

另外，豬籠草開花時會散發出強烈的氣味，像是土壤味或昆蟲的腐臭味。這種氣味中含量特別多的是下個章節會提到的洋蔥的含硫成分——硫化二丙烯（diallyl sulfide）等，具有刺激性臭味。

找到罪魁禍首了！讓人眼淚掉不停的氣味

洋蔥（石蒜科）

最近幾年，每到秋天就會有號稱切洋蔥不流淚、生吃也不辛辣的「微笑洋蔥」品種上市。

微笑洋蔥是好侍食品公司的研究成果。這間公司解答了長久以來困擾許多人的疑問——切洋蔥為何會流淚，並利用其機制培育出新品種。

洋蔥是石蒜科（以前是百合科）蔬菜，原產於中亞，明治時代初期傳入日本。洋蔥比當時常見的蕗蕎還要大上許多，因此被視為「怪物蕗蕎」而不受喜愛。

附帶一提，蕗蕎原產於中國，在平安時代作為藥用植物傳入日本，到江戶時代被當成蔬菜栽種。

洋蔥的學名為「Allium cepa」。「Allium」表示蔥屬，「cepa」在古凱爾特語中是頭的意思，因此其學名意即有頭的蔥屬植物。這大概是因為洋蔥的聚繖花序讓人印象深刻的緣故吧。

洋蔥含有抗氧化多酚物質——槲皮素（quercetin），且富含礦物質與維生素，因此相當有益健康，英國甚至有「一天一洋蔥，疾病遠離我」的說法。

將洋蔥拿到眼前並不會讓人流淚，但只要將之切開或切碎就會流淚，這是因為切洋蔥會製造並釋放出讓人潸然淚下的催淚成分。

洋蔥中含有催淚成分的來源——含硫胺基酸「亞碸（sulfoxide）」，以及可將其轉變成催淚成分的「蒜胺酸酶」。

這兩種物質分別存在於洋蔥裡，並不會相互接觸；但只要把洋蔥切碎，兩者就會在切口處相碰並產生反應，製造出催淚成分來源——次磺酸（sulfenic acid）。洋蔥被切得愈細、切口面積愈大，就會產生更多反應、製造出更多催淚成分來源。

從前人們以為有了次磺酸，自然就會產生催淚成分，但研究發現是另有一物質對其產生作用，才會製造出催淚成分，研究人員將之命名為「催淚因子合成酵素」。

此外，起初以為催淚成分是硫化二丙烯，但研究發現是丙硫醛－S－氧化物（propanethial S-oxide）。這種物質在氣體狀態下具揮發性、易溶於水且具催淚效果，因此會從切口處釋放至空氣中、熏眼、讓人流淚。

綜合上述可知，切洋蔥時會歷經二階段作用並產生催淚成分：亞碸＋蒜胺酸酶↓次磺酸↓次磺酸＋催淚因子合成酵素↓丙硫醛－S－氧化物（催淚成分）。

既然如此，只要避免第一階段的蒜胺酸酶產生作用，就不會製造出催淚成分，而本章一開頭提到的微笑洋蔥就是因此誕生的。微笑洋蔥不會製造出催淚成分，故就算將之切碎也不會讓人流淚。

此外，催淚成分不只會讓人流淚，還會讓人嚐到洋蔥的辛辣味，所以生吃微笑洋蔥幾乎不會有辛辣味。

總而言之，微笑洋蔥不泡水處理，也能輕鬆切成洋蔥絲、味道還不怎麼辛辣，相當適合用來生吃。

喜歡跟不喜歡就差在嗅覺受器

香菜（繖形科）

平成時代在二〇一九年四月的最後一天結束，令和時代從五月一日揭開序幕。在這之前不久，也就是二〇一八年十一月時，瀧井種苗公司以問卷調查平成這30年期間流行過的蔬菜、具代表性的蔬菜以及人們平常會吃的蔬菜，並根據調查結果選出所有排行榜的第一名作為「平成蔬菜」。

被選為第一名的平成蔬菜就是香菜。排在香菜之後、在所有排行榜中都進入前四強的蔬菜，依序是酪梨、番茄及櫛瓜。

香菜屬繖形科，常見於泰國菜跟越南菜中，並因此廣為人知。二〇一六年時，香菜在日本的知名度大增，在「今年的一道菜」票選活動中以其為主的沙拉料理脫穎而出，愛好者甚至被稱為「香菜控」。

香菜原產於地中海東部沿岸地區，學名為「Coriandrum sativum」，「Coriandrum」來自希臘文的「koris」，意思是蟲，因為香菜的葉片與果實都會散發出如椿象的氣味；「sativum」則是人工栽種的意思。

香菜的英文名稱則是「coriander」，來自其學名中的「Coriandrum」。另外，以乾燥後的香菜種子與葉片磨成的粉末也叫作「coriander」。而直接拿來生吃的香菜葉片通常稱「pakchee」，這其實源自泰文。

為何香菜在日本會有這麼多稱呼呢？這是因為其在不同情況下傳入日本。

香菜以生菜沙拉形式從歐洲傳入日本時，打響名號的是「coriander」；以異國料理食材從泰越傳入日本時，大家耳熟能詳的名稱則是「pakchee」。這兩種不同的名稱就這麼沿用到現在。

另外，由於香菜的氣味特殊，在日文裡又被稱為「椿象草」。

其氣味來源是莖葉與未成熟果實中含有的癸醛（caprinaldehyde），有的人喜歡、有的人不喜歡，評價相當兩極。

二〇一一年，一間總公司設在美國加州的基因檢測公司以3萬人為對象，調查了喜歡香菜氣味與否跟嗅覺受器之間的關係。結果發現，不喜歡香菜氣味者用於感受氣味的嗅覺受器出現基因突變，會與癸醛緊密結合，而變得相當敏感。

只有人類跟浣熊會吃銀杏？

銀杏樹（銀杏科）

銀杏樹在大約2億年前誕生於中國，約1億年前有過一段繁盛時期，種類多達10幾種，然而熬過冰河期並存活下來的只有1種。因此，如今的銀杏樹是一科一屬一種的植物，孤伶伶地活在世界上，沒有同科或同屬的夥伴。杜仲茶的原料——隸屬杜仲科杜仲屬的杜仲樹也是如此，像這樣的植物並不多。

銀杏樹的學名是「Ginkgo biloba」。「Ginkgo」表示銀杏屬，「biloba」的「bi」是兩個的意思，「loba」則是指葉片，所以「biloba」就表示葉片為二分裂。

銀杏樹英姿颯爽而挺拔的樹形，讓人很難想像其是如此孤獨的植物。近年來，由於銀杏沒有蟲害、可對抗空氣汙染等特性，常被種在道路兩旁或都會公園裡。另外，許多神社與寺院會將銀杏樹視為御神木來崇拜，陪伴人們走過漫長歷史。

銀杏樹在其原產地中國以及日本江戶時代的名稱都是「銀杏」，據說是因其堅硬的白色種子有著銀色光芒，且跟杏樹的果實形狀相仿之故。

銀杏樹又稱「公孫樹」，「公」字是對長者或祖父的尊稱，因其老樹才會結果的特性而得名，包含了「由祖父所種卻到孫輩才結果」的意思在內。因此，也有人仿照「桃栗三年柿八年」的說法而說「銀杏三十年」。

銀杏樹結出的果子就稱銀杏。順帶一提，一般會以為飄散出臭味的部分是果肉，被包在裡面有硬殼的是種子，但其實從植物學的角度來看，包含發臭的部分在內，整顆都是銀杏樹的種子。

銀杏的臭味來自如腳臭味的丁酸（butyric acid），以及如腐臭味的庚酸（heptanoic acid），一般認為這是為了避免種子被動物吃掉。

銀杏具備硬殼的「果核」被發臭的部分包覆，再裡面則是「果仁」。

有個電視節目調查動物是否會因為銀杏的臭味而不吃它，結果發現日本獼猴、狸貓及老鼠都受不了這個味道，不過浣熊會吃，可見這個味道確實能有效避免銀杏樹的種子被許多動物吃掉。

第八章

保護自己和同伴的氣味

植物之間看似毫無交流，實際上可不是這樣喔！它們有時也會利用氣味來溝通。

以祕密結社方式維繫的防蟲功能

皇帝豆（豆科）

世上有許多種氣味，清爽宜人的、會吸引昆蟲的、有助於瘦身的、令人食慾大振的、讓人精神振奮的、可帶來飽足感的、令人感覺幸福的、可讓人身心放鬆的，甚至讓人泫然欲泣的等等。

本章開始，要為讀者介紹植物用來「討救兵」、保護自己的氣味。

植物會用很多方法保護自己，例如：尖刺、有毒物質，或是在身上藏有動物討厭的味道。氣味也是植物用來自我保護的有用工具，最具代表性的如芬多精；不僅如此，氣味還能作為討救兵的遠程武器。舉例來說，有一種喜歡啃食葉片的害蟲叫二點葉蟎，當葉片被其啃食時，植物就會從傷口處釋放一種獨特氣味，這是一般被人類折損時不會釋放的。

這種氣味可引來小植綏蟎。雖同為蟎蟲，小植綏蟎卻不會啃食葉片，反而是二點葉蟎的天敵。這麼一來，植物就能從二點葉蟎口中逃過一劫。

這種搬救兵的現象，可以從原產於熱帶的豆類——皇帝豆上看到。目前已知，這種氣味的成分是羅勒烯與甲基三烯（methyl nonatriene）。

此外，不僅小植綏蟎能察覺這股氣味，附近的植物也會發現，並在體內開始製造用以抵禦二點葉蟎的蛋白質。

隱含求救訊號的氣味

高麗菜（十字花科）

高麗菜原產於歐洲，在江戶時代末期傳入日本，明治時代開始有人栽種。其學名為「Brassica oleracea」，跟羽衣甘藍、大白菜、葉牡丹、青花菜及花椰菜等蔬菜一樣，因為這些都是羽衣甘藍的改良品種。

羽衣甘藍的葉片不會捲成團、形成球狀；而高麗菜的葉片則會重重疊疊地形成球狀，稱為「結球」。這類蔬菜統稱結球性葉菜類，高麗菜、萵苣、大白菜並列為「三大結球性蔬菜」。

高麗菜的日文舊名為「甘藍」，因為會結成球狀，又稱為「玉菜」或「球菜」。高麗菜價格便宜、營養豐富，因此在歐洲被譽為「窮人的醫生」。

竹子章節（108頁）介紹過，蘇聯時期列寧格勒國立大學的托金博士提出，植物會釋放多種物質來殺死霉菌與細菌，藉此保護自己。而高麗菜也是會利用氣味來求救的植物之一。

白粉蝶會到高麗菜田中產卵，幼蟲孵出後就會靠啃食高麗菜成長。為了抵抗，高麗菜被蟲子啃食後，就會從傷口釋放出菜蝶絨繭蜂喜愛的氣味。菜蝶絨繭蜂被氣味引來之後，會在白粉蝶幼蟲身上產下自己的卵。其幼蟲孵出後會靠著吃白粉蝶幼蟲成長，促使白粉蝶幼蟲死亡。

由此可見，高麗菜將求救訊號託付在氣味裡，向外尋求援助。

成為共生植物以保護同伴

薄荷（唇形科）

薄荷是唇形科薄荷屬植物的總稱，主要有3種。第一種是「胡椒薄荷」，也叫「西洋薄荷」；第二種是「日本薄荷」，也叫「和種薄荷」；第三種是「綠薄荷」。而在日本只要提到薄荷，大多是指和種薄荷。

這些薄荷的氣味都帶有清涼感。至於主要成分，西洋薄荷與和種薄荷的主要成分是薄荷醇（menthol），綠薄荷的主要成分則是香芹酮（carvone）。和種薄荷的氣味中約有70％是薄荷醇，西洋薄荷的氣味則有大約一半是薄荷醇。另一方面，綠薄荷不含薄荷醇，其氣味成分約有半數為香芹酮，其次則是檸檬烯這種花香味。

薄荷醇無論聞起來或嚐起來都給人清涼的感受。為什麼不冰涼，卻能讓人感到清涼有勁呢？近幾年已揭開這種機制的祕密。

人體具有感受涼感的受器，存在於鼻子或嘴巴的皮膚中。當其感覺到涼感，就會將刺激傳到腦部，使人體覺得涼。而這個受器也會對薄荷醇產生反應，當刺激被傳到腦部，腦部就會覺得涼。這就是我們在聞到或吃下薄荷醇時，會感受到涼感的原因。

綠薄荷是原產於歐洲的香草植物，開花期間為八月至十月。其英文名稱為「spearmint」，「spear」指的是矛，因葉片形狀而得名；「mint」則是薄荷的意思。

近年來媒體報導了新發現。目前已知薄荷的氣味可防止害蟲啃食葉片，而東京理科大學與龍谷大學的研究團隊進一步調查，吸收了薄荷氣味的其他植物是否也不會被蟲子啃食。

研究人員先在戶外栽種糖果薄荷，並在旁邊種植黃豆。結果發現，種在糖果薄荷附近的黃豆所遭受的蟲害，會比種在隔一段距離處的黃豆來得少。

不僅如此，研究人員發現先在室內將糖果薄荷與黃豆種在一起，就算後來將黃豆改種到離糖果薄荷有一段距離的地方，仍可減輕黃豆所遭受的蟲害。而且黃豆種在室內時離糖果薄荷愈近，遭受蟲害的比例就愈少。

除了糖果薄荷，以其同類胡椒薄荷跟小松菜做相同實驗，也可得到相同的結果。

由此可知，將植物跟薄荷種在一起，就能藉由薄荷的氣味來減少蟲害。而像這樣可透過種在附近來減少另一植物的病蟲害或促使其成長，這種植物就稱為「共生植物」。薄荷便是黃豆和小松菜的共生植物。

不過，運用薄荷此一特性時，需要留意一點。胡椒薄荷與綠薄荷等品種是靠地下莖繁殖的。所謂地下莖即為土壤中延伸的莖條，其地上部分會由此發芽長出。

地下莖生長的範圍很廣，從地上看不到其前端生長的樣子。若曾在田裡或花圃裡種過這些薄荷，就算放著不管，隔年也會冒芽；過兩三年之後，生長範圍還會愈來愈廣。

薄荷的生長態勢與蔓延速度就像雜草一樣。要是哪天不想種了，即使剪掉地上部的莖條，地下莖仍會像斷尾蜥蜴一樣繼續成長、不斷擴張。所以最好將薄荷類植物種在花盆或箱子裡，地下莖便會被阻擋而不會向外擴張。若還是想要種在花圃一角，可將其種在花盆或箱子裡，再連同器皿埋入花圃中；或者先決定範圍大小，將板子埋入土中圍住。薄荷類植物的地下莖不會延伸至深處，只要將板子埋在30～40公分深的地方即可。

被蟲子或鳥類啃食就會向同伴示警

番茄（茄科）

前面提過，皇帝豆與高麗菜會散發氣味以傳達求救訊號；而有的植物則會藉此向同伴示警、告知危險迫近，如：番茄。

斜紋夜蛾幼蟲以番茄葉為食。番茄葉被啃食後，傷口處會釋放出氣味，其成分為己烯醇（hexenol）的一種。

一旁的番茄植株「聞到」這種氣味後，會將之儲存於葉片中，並以此製造出會讓斜紋夜蛾幼蟲停止生長的物質，斜紋夜蛾幼蟲不會吃這種番茄葉。

像這樣透過氣味保護彼此的植物，還有水稻、黃瓜及茄子等。

另外，番茄成熟轉甜前的青澀氣味為３－己烯醇（3-hexenol）。番茄一旦成熟，

3－己烯醇就會轉變成2－己烯醇（2-hexenol）。

二〇一六年，神戶大學農業科學研究所的研究團隊發現，這個轉變是由名為己烯醇異構酶（hexenal isomerase）所促成。

櫻花樹的葉子是天然防蟲劑

櫻花樹（薔薇科）

據說櫻花樹的原產地是在喜馬拉雅山脈至中國西南部一帶。學名為「Cerasus」，表示櫻亞屬。世上並沒有任何植物叫櫻花樹，這只是櫻亞屬許多品種的總稱。

櫻花樹在很久以前就傳入日本。「桜（sakura）」的日文名由來眾說紛紜，有個說法是在盛開「咲く（saku）」後加上接尾詞「ら（ra）」而成。

櫻葉麻糬是象徵春天的和菓子之一，使用的櫻花樹葉不僅可避免麻糬乾掉，還能在食用時聞到葉片的甜美香氣，這是將芬多精引進生活中的例子之一。

不過，從枝葉茂盛的櫻花樹上摘下綠葉來聞聞看，會發現並沒有香氣。櫻葉麻糬主要是用大島櫻的葉片製作，其葉片大而柔軟，用鹽巴醃製後還會散發出濃郁的香氣。

其實不只大島櫻，所有品種的櫻花樹葉經鹽巴醃製都會散發出香氣，如：染井吉野櫻。不過染井吉野櫻的葉片比較硬，做成櫻葉麻糬並不好吃，所以沒被使用。

令人食指大動的櫻葉麻糬香氣，其成分為香豆素（coumarin）。櫻花樹葉中含有可形成香豆素的物質，不過其本身並沒有香味，需要經另一物質轉化成香豆素。然而，這兩種物質在綠葉時並不會碰在一起，所以不會產生氣味。

用鹽巴醃製、葉片死去時，這兩種物質便會碰在一起而產生反應，形成香豆素並散發出香氣；就算不用鹽巴醃製，動手搓揉葉片使之損傷，也會飄散出微微的香氣。

其實這是櫻花樹葉防止蟲子啃食的防禦機制。蟲子並不喜歡香豆素的氣味，所以櫻花樹葉一旦遭到啃食而損傷，就會散發出這種氣味。不僅如此，這種氣味還具有防止細菌增生的抗菌效果，可避免細菌從傷口處入侵。

一般來說，櫻葉麻糬的葉片吃個一兩片並不成問題。嚐起來會有點鹹味，但是搭配櫻葉麻糬的甜味就很好吃。據說攝入香豆素20～30分鐘後會進入血液，以尿液的形式排出。

一八八二年，成功研發出人工合成的香豆素後，法國的霍比格恩特香水公司就用此製造出世界上第一瓶用人工合成香料製成的「皇家馥奇（Fougère Royale）」香水。這瓶香水推出後大為暢銷，後來便陸續有很多人工香料製香水問世。

前面提過，吃幾片櫻葉麻糬的葉片並不成問題，然而需要注意的是，大量攝取香豆素會對肝臟有害，故香豆素不可作為食品添加物使用。

不過，香豆素對我們的身體也是有益的，有學者就利用其「毒性」製造出藥物。舉例來說，香豆素衍生物就被作為腦梗塞、經濟艙症候群、心肌梗塞等疾病的治療藥物，稱作「Warfarin」。這種藥可防止血液凝固，讓血液變清澈。罹患心律不整等疾病的人服用，可防止體內的血液瞬間凝固而形成血栓，進而引發腦梗塞等疾病。

各位有過這樣的經驗嗎？在櫻花樹依舊綠意盎然的初秋時分，於連日雨天的放晴日騎著腳踏車，穿梭於櫻花樹下時，忽然聞到櫻葉麻糬獨有的微微香氣。

然而，櫻花樹葉即使淋了幾天的雨，也不會散發出香豆素的味道，其實這股味道是來自堆積於根部附近的落葉。

葉子枯死後就會散發出微微的香氣。如果連日都是大晴天，落葉就會變得乾巴巴而幾乎不會有香味；但要是連續下雨好幾天，吸飽水分的落葉就會隱約飄散出櫻葉麻糬的香氣。

各位不妨在放晴的那天，從櫻花樹根部附近輕輕撿起一片飽含水氣的落葉來聞看看。

秋季到來，許多植物的葉片都會凋零，營造出寂寥的景象。然而，葉子看似短暫無常的一生，其實並不這麼悲傷寂寞。

葉子掉落在母株旁，成為枯葉或被蟲子啃食成糞土，也能肥沃土壤或被微生物分解，而回到土中成為「腐植土」（落葉腐化分解而成的肥沃土壤），培育新的嫩葉。

櫻花樹的落葉不僅能成為養分，還會散發出蟲子討厭的氣味，以保護母株與那一帶的葉片不被蟲子啃食，直到完全變成腐植土為止。

櫻花樹葉的氣味可以保護自己不被蟲子啃食、防止細菌從傷口入侵，還有益於人類健康，可見氣味真是不容小覷。

後記

人類與植物之間有著密切的連結。

舉例來說，蔬菜、水果與穀物等糧食都由植物供給；就算是動物的肉，真要追溯起來，也會回歸到植物身上。

大自然風景中，植物形成森林、山景，與藍天碧海一同存在。

枯木在古時可作為柴薪焚燒；煤炭、石油等化石燃料也來自於上古時期的植物，可謂不可或缺的能源。

每逢喜事便以花裝飾、每逢憾事則以花供養，以植物豐富我們的心靈。

由此可知，植物是你我生活中不可或缺的一部分，甚至可以說植物為我們生活中的一切提供了支援。沒有植物，人類就不可能存在，所以才有人說「21世紀是我們人類跟植物共存共生的時代」。

而在我們生活周遭的植物，自古就會散發出各種氣味。古人受此吸引，便會吟詠成詩，或是將之運用在生活之中，如：製作櫻葉麻糬、在生魚片旁放上紫蘇葉，用樟腦來防蟲等。

然而，不具形體的氣味容易讓人忽視。

就像本書前言所提，其實氣味具有許多作用。

近年陸續有科學證實這些氣味的真面目，有的甚至有助於我們人體的健康。

為了向更多人揭示植物氣味的作用，我與專業學者丹治邦和先生合作完成本書，並以醫學研究、流行病學調查等科學證據佐證，以期用肉眼可見的形式，將不具形體的氣味呈現在讀者面前。

希望本書能讓各位認識到生活中的氣味，並且對此產生興趣。若能如此，這將是身為作者的我最感到開心的事了。

最後要向參與製作本書的相關人士表達由衷的謝意。

感謝弘前大學醫學研究所的醫學博士——今泉忠淳教授，仔細閱讀原稿並給予許多寶貴意見；以及國立研究開發法人農研機構的 Ackley Wataru 理學博士。

二〇二一年二月
田中　修

田中 修

Tanaka Osamu

1947年生於京都府，京都大學農學院博士課程修畢。曾擔任美國史密森研究中心博士後研究員等職務，獲甲南大學授予特別客座教授、榮譽教授，專長領域為植物生理學。著有《植物真奇妙》、《植物的祕密》、《植物真奇妙──七大不可思議篇》、《日本花卉集錦──賞玩令和的四季風情》（中央公論新社）;《植物的超強生命力》、《跟植物說聲謝謝你（幻冬舍）;《植物真美味》（筑摩書房）等多本著作。

丹治邦和

Tanji kunikazu

1969年生於京都府，神戶大學農學院畢、東京大學農業與生命科學研究所碩士課程修畢。曾擔任美國德州大學內科學研究室博士後研究員、美國德州大學安德森癌症中心博士後研究員等職務，現任弘前大學醫學研究所腦神經病理學講座助理教授，專長領域為分子病理生物學。合著有《植物為何有毒》（幻冬舍）;《多重系統退化症與細胞自噬──神經內科》（科學評論社）等書。

参考文献

A.W.Galston「 Life processes of plants」Scientific American Library 1994

P.F.Wareing & I.D.J.Phillips（ 古谷雅樹監訳）「植物の成長と分化」< 上・下 >
学会出版センター　1983

田中修 「緑のつぶやき」 青山社　1998

田中修 「つぼみたちの生涯」 中公新書　2000

田中修 「ふしぎの植物学」 中公新書　2003

田中修 「クイズ植物入門」 講談社　ブルーバックス　2005

田中修 「入門たのしい植物学」 講談社　ブルーバックス　2007

田中修 「雑草のはなし」 中公新書　2007

田中修 「葉っぱのふしぎ」 SB クリエイティブ　サイエンス・アイ新書　2008

田中修 「都会の花と木」 中公新書　2009

田中修 「花のふしぎ100」 SB クリエイティブ　サイエンス・アイ新書　2009

田中修 「植物はすごい」 中公新書　2012

田中修 「タネのふしぎ」 SB クリエイティブ　サイエンス・アイ新書　2012

田中修 「フルーツひとつばなし」 講談社現代新書　2013

田中修 「植物のあっぱれな生き方」 幻冬舎新書　2013

田中修 「植物は命がけ」 中公文庫　2014

田中修 「植物は人類最強の相棒である」 PHP 新書　2014

田中修 「植物の不思議なパワー」　NHK 出版　2015

田中修 「植物はすごい　七不思議篇」　中公新書　2015

田中修 「植物学『超』入門」SB クリエイティブ　サイエンス・アイ新書　2016

田中修 「ありがたい植物」　幻冬舎新書　2016

田中修 「植物のかしこい生き方」 SB 新書 2018

田中修 「植物のひみつ」 中公新書 2018

田中修 「植物の生きる『しくみ』にまつわる66 題」
SB クリエイティブ　サイエンス・アイ新書　2019

田中修 「 植物はおいしい」 ちくま新書　2019

田中修 「 日本の花を愛おしむ」 中央公論社　2020

田中修 「植物のすさまじい生存競争」
SB クリエイティブ　ビジュアル新書　2020

田中修・高橋亘 「植物栽培のふしぎ」
B&T ブックス　日刊工業新聞社 2017

田中修・丹治邦和 「植物はなぜ毒があるのか」 幻冬舎新書　2020

田中修監修　ABC ラジオ「おはようパーソナリティ道上洋三です」編
「花と緑のふしぎ」 神戸新聞総合出版センター　2008

第一章

1. Yamamoto T, Inui T and Tsuji T, The odor of Osmanthus fragrans attenuates food intake, Sci Rep 3 1518, (2013).
2. Kheirkhah M, Setayesh Valipour NS, Neisani L and Haghani H, A controlled trial of the effect of aromatherapy on birth outcomes using "Rose essential oil" inhalation and foot bath, Journal of Midwifery Reproductive health 2 77-81, (2014).
3. Ueno H, Shimada A, Suemitsu S, Murakami S, Kitamura N, Wani K, Takahashi Y, Matsumoto Y, Okamoto M, Fujiwara Y and Ishihara T, Comprehensive behavioral study of the effects of vanillin inhalation in mice, Biomed Pharmacother 115 108879, (2019).
4. Shen J, Niijima A, Tanida M, Horii Y, Maeda K and Nagai K, Olfactory stimulation with scent of grapefruit oil affects autonomic nerves, lipolysis and appetite in rats, Neurosci Lett 380 289-94,(2005).
5. Moss M, Cook J, Wesnes K and Duckett P, Aromas of rosemary and lavender essential oils differentially affect cognition and mood in healthy adults, Int J Neurosci 113 15-38, (2003).
6. Tarumi W and Shinohara K, The Effects of Essential Oil on Salivary Oxytocin Concentration in Postmenopausal Women, J Altern Complement Med 26 226-230, (2020).

第二章

7. McGinty D, Vitale D, Letizia CS and Api AM, Fragrance material review on benzyl acetate, Food Chem Toxicol 50 Suppl 2 S363-84, (2012).
8. Zhang X, Ji Y, Zhang Y, Liu F, Chen H, Liu J, Handberg ES, Chagovets VV and Chingin K, Molecular analysis of semen-like odor emitted by chestnut flowers using neutral desorption extractive atmospheric pressure chemical ionization mass spectrometry, Anal Bioanal Chem 411 4103-4112,(2019).
9. Oyama-Okubo N, Nakayama M and Ichimura K, Control of Floral Scent Emission by Inhibitors of Phenylalanine Ammonia-lyase in Cut Flower of Lilium cv. 'Casa Blanca', J Japan Soc Hort Sci 80 190-199, (2011).
10. Zhang N, Zhang L, Feng L and Yao L, The anxiolytic effect of essential oil of Cananga odorataexposure on mice and determination of its major active constituents, Phytomedicine 23 1727-1734, (2016).

第三章

11. Ohgami S, Ono E, Horikawa M, Murata J, Totsuka K, Toyonaga H, Ohba Y, Dohra H, Asai T, Matsui K, Mizutani M, Watanabe N and Ohnishi T, Volatile Glycosylation in Tea Plants: Sequential Glycosylations for the Biosynthesis of Aroma beta-Primeverosides Are Catalyzed by Two Camellia sinensis Glycosyltransferases, Plant Physiol 168 464-77, (2015).
12. Ikei H, Song C and Miyazaki Y, Effects of olfactory stimulation by α -pinene on autonomic nervous activity, Journal of Wood Science 62 568-572, (2016).
13. Basiri Z, Zeraati F, Esna-Ashari F, Mohammadi F, Razzaghi K, Araghchian M and Moradkhani S, Topical Effects of Artemisia Absinthium Ointment and Liniment in Comparison with Piroxicam Gel in Patients with Knee Joint Osteoarthritis: A Randomized Double-Blind Controlled Trial, Iran J Med Sci 42 524-531, (2017).
14. 田中 福代, 香りがりんごの風味を決定する 香気成分の制御機構と変動事例, 日本調理科学会誌 50 151-155, (2017).
15. 田中 福代, 岡崎 圭毅, 樫村 友子, 大脇 良成, 立木 美保, 澤田 歩, 伊藤 伝 and 宮澤 利男, リンゴみつ入り果の官能特性と香味成分プロファイルおよびその形成メカニズム, 日本食品科学工学会誌 63 101-116, (2016).

第四章

16. 伊賀瀬 道也，クロモジエキスのインフルエンザ予防効果について-無作為化二重盲検プラセボ対照並行群間比較試験—, Jpn Pharmacol Ther 46 1369 - 1373, (2018).
17. 河原 岳志，芦部 文一朗，松見 繁 and 丸山 徹也，クロモジ熱水抽出物の持続的なインフルエンザウイルス増殖抑制効果，Jpn Pharmacol Ther 47 1197 - 1204, (2019).
18. 中平 比沙子，小尾 信子，宮原 龍郎 and 落合 宏，植物精油の直接接触および芳香暴露の抗インフルエンザウイルス作用に関する研究，アロマテラピー学雑誌 9 38 - 46, (2009).
19. Lahondere C, Vinauger C, Okubo RP, Wolff GH, Chan JK, Akbari OS and Riffell JA, The olfactory basis of orchid pollination by mosquitoes, Proc Natl Acad Sci U S A 117 708 - 716, (2020).
20. Okamoto T, Okuyama Y, Goto R, Tokoro M and Kato M, Parallel chemical switches underlying pollinator isolation in Asian Mitella, J Evol Biol 28 590 - 600, (2015).
21. 栗田 啓幸 and 小池 茂，紫蘇と食塩の食品防腐作用における相乗効果について，Nippon Nogeikagaku Kaishi 55 43 - 46, (1981).
22. Sun JS, Severson RF, Schlotzhauer WS and Kays SJ, Identi-fying critical volatiles in the flavor of baked 'Jewel' sweetpotatoes[Ipomoea batatas (L.) Lam, J. Amer. Soc. Hort. Sci. 120 468 - 474, (1995).
23. Isono T, Domon H, Nagai K, Maekawa T, Tamura H, Hiyoshi T, Yanagihara K, Kunitomo E, Takenaka S, Noiri Y and Terao Y, Treatment of severe pneumonia by hinokitiol in a murine antimicrobial-resistant pneumococcal pneumonia model, PLoS One 15 e0240329, (2020).

第五章

24. Terada Y, Hosono T, Seki T, Ariga T, Ito S, Narukawa M and Watanabe T, Sulphur-containing compounds of durian activate the thermogenesis-inducing receptors TRPA1 and TRPV1, Food Chem 157 213 - 20, (2014).
25. Oi Y, Kawada T, Shishido C, Wada K, Kominato Y, Nishimura S, Ariga T and Iwai K, Allyl-containing sulfides in garlic increase uncoupling protein content in brown adipose tissue, and noradrenaline and adrenaline secretion in rats, J Nutr 129 336 - 42, (1999).
26. Mara de Menezes Epifanio N, Rykiel Iglesias Cavalcanti L, Falcao Dos Santos K, Soares Coutinho Duarte P, Kachlicki P, Ozarowski M, Jorge Riger C and Siqueira de Almeida Chaves D, Chemical characterization and in vivo antioxidant activity of parsley (Petroselinum crispum) aqueous extract, Food Funct 11 5346 - 5356, (2020).
27. Bautista DM, Sigal YM, Milstein AD, Garrison JL, Zorn JA, Tsuruda PR, Nicoll RA and Julius D, Pungent agents from Szechuan peppers excite sensory neurons by inhibiting two-pore potassium channels, Nat Neurosci 11 772 - 9, (2008).
28. Kabuto H and Yamanushi TT, Effects of zingerone [4-(4-hydroxy-3-methoxyphenyl)-2-butanone] and eugenol [2-methoxy-4-(2-propenyl)phenol] on the pathological progress in the 6-hydroxydopamine-induced Parkinson's disease mouse model, Neurochem Res 36 2244 - 9, (2011).
29. Kabuto H, Tada M and Kohno M, Eugenol [2-methoxy-4-(2-propenyl)phenol] prevents 6-hydroxydopamine-induced dopamine depression and lipid peroxidation inductivity in mouse striatum, Biol Pharm Bull 30 423 - 7, (2007).
30. Lv LN, Wang XC, Tao LJ, Li HW, Li SY and Zheng FM, beta-Asarone increases doxorubicin sensitivity by suppressing NF-kappaB signaling and abolishes doxorubicin-induced enrichment of stem-like population by destabilizing Bmi1, Cancer Cell Int 19 153, (2019).
31. Xiao B, Huang X, Wang Q and Wu Y, Beta-Asarone Alleviates Myocardial Ischemia-Reperfusion Injury by Inhibiting Inflammatory Response and NLRP3 Inflammasome Mediated Pyroptosis, Biol Pharm Bull 43 1046 - 1051, (2020).

32. Kasper S, Gastpar M, Muller WE, Volz HP, Moller HJ, Schlafke S and Dienel A, Lavender oil preparation Silexan is effective in generalized anxiety disorder--a randomized, double-blind comparison to placebo and paroxetine, Int J Neuropsychopharmacol 17 859 - 69, (2014).
33. Sinaei F, Emami SA, Sahebkar A and Javadi B, Olfactory Loss Management in View of Avicenna: Focus on Neuroprotective Plants, Curr Pharm Des 23 3315 - 3321, (2017).

第六章

34. Matsumoto T, Asakura H and Hayashi T, Effects of olfactory stimulation from the fragrance of the Japanese citrus fruit yuzu (Citrus junos Sieb. ex Tanaka) on mood states and salivary chromogranin A as an endocrinologic stress marker, J Altern Complement Med 20 500 - 6, (2014).
35. Miyazawa N, Tomita N, Kurobayashi Y, Nakanishi A, Ohkubo Y, Maeda T and Fujita A, Novel character impact compounds in Yuzu (Citrus junos Sieb. ex Tanaka) peel oil, J Agric Food Chem 57 1990 - 6, (2009).
36. Yang HJ, Hwang JT, Kwon DY, Kim MJ, Kang S, Moon NR and Park S, Yuzu extract prevents cognitive decline and impaired glucose homeostasis in beta-amyloid-infused rats, J Nutr 143 1093 - 9, (2013).
37. Wood C, Siebert TE, Parker M, Capone DL, Elsey GM, Pollnitz AP, Eggers M, Meier M, Vossing T, Widder S, Krammer G, Sefton MA and Herderich MJ, From wine to pepper: rotundone, an obscure sesquiterpene, is a potent spicy aroma compound, J Agric Food Chem 56 3738 - 44, (2008).
38. 中野 典子 and 丸山 良子，わさびの辛味成分と調理，椙山女学園大学研究論集 自然科学篇 30 111 - 121, (1999).

第七章

39. Moran JA, Pitcher Dimorphism, Prey Composition and the Mechanisms of Prey Attraction in the Pitcher Plant Nepenthes Rafflesiana in Borneo, Journal of Ecology 84 515 - 525, (1996).
40. Kurup R, Johnson AJ, Sankar S, Hussain AA, Sathish Kumar C and Sabulal B, Fluorescent prey traps in carnivorous plants, Plant Biol (Stuttg) 15 611 - 5, (2013).
41. Jürgens A, El-Sayed AM and Suckling DM, Do carnivorous plants use volatiles for attracting prey insects, Functional Ecology 23 875 - 887, (2009).
42. Knaapila A, Hwang LD, Lysenko A, Duke FF, Fesi B, Khoshnevisan A, James RS, Wysocki CJ, Rhyu M, Tordoff MG, Bachmanov AA, Mura E, Nagai H and Reed DR, Genetic analysis of chemosensory traits in human twins, Chem Senses 37 869 - 81, (2012).

第八章

43. Shimoda T, A key volatile infochemical that elicits a strong olfactory response of the predatory mite Neoseiulus californicus, an important natural enemy of the two-spotted spider mite Tetranychus urticae, Exp Appl Acarol 50 9 - 22, (2010).
44. Julius D, TRP channels and pain, Annu Rev Cell Dev Biol 29 355 - 84, (2013).
45. Sukegawa S, Shiojiri K, Higami T, Suzuki S and Arimura GI, Pest management using mint volatiles to elicit resistance in soy: mechanism and application potential, Plant J 96 910 - 920, (2018).
46. Sugimoto K, Matsui K and Takabayashi J, Conversion of volatile alcohols into their glucosides in Arabidopsis, Commun Integrative Biol 8 e992731, (2015).
47. Kunishima M, Yamauchi Y, Mizutani M, Kuse M, Takikawa H and Sugimoto Y, Identification of (Z)-3:(E)-2-Hexenal Isomerases Essential to the Production of the Leaf Aldehyde in Plants, J Biol Chem 291 14023 - 33, (2016).

氣味成分與主要作用

植物名	學名	書中提到的氣味成分	主要作用
丹桂	Osmanthus fragrans	γ－癸內酯	減重效果
薔薇（大馬士革薔薇）	Rosa damascena	香葉醇	美肌
鈴蘭	Convallaria keiskei	芳樟醇	促進腸道舒展
香莢蘭	Vanilla planifolia	香草醛	止痛效果
葡萄柚	Citrus paradisi	檸檬烯	活化棕色脂肪細胞
迷迭香	Rosmarinus officinalis	乙酸龍腦酯	森林香氛
苦橙	Citrus aurantium	辛弗林	活化交感神經
梔子	Gardenia jasminoides	芳樟醇、乙酸苄酯	甜美芳香

栗子樹	Castanea crenata	苯乙胺	戀愛催化劑
梅樹	Prunus mume	γ－癸內酯	女人味
曇花	Epiphyllum oxypetalum	香葉醇	甜美芳香
百合	Lilium	異丁香酚	甜美芳香
依蘭	Cananga odorata	苯甲酸苄酯	擺脫束縛、解除焦慮
沈丁花	Daphne odora	瑞香素	製香
茶樹	Camellia sinensis	葉醇、吡嗪、β－櫻草糖苷	放鬆效果
松樹	Pinus	蒎烯	幫助入眠
樟樹	Cinnamomum camphora	蒎烯	緩解壓力
藺草	Juncus effusus	己醛	放鬆效果

植物名	學名	書中提到的氣味成分	主要作用
咖啡樹	Coffea	二氫苯并呋喃	類似於血清素
艾草	Artemisia indica	石竹烯	止痛效果
艾草（黃花蒿）	Artemisia annua	石竹烯	止痛效果
蘋果樹	Malus domestica	乙酯	找出蜜蘋果
茉莉（阿拉伯茉莉）	Jasminum sambac	乙酸苄酯、芳樟醇	甜美芳香
大葉釣樟	Lindera umbellata	桉樹醇、芳樟醇	抗菌效果、抗病毒效果
尤加利樹	Eucalyptus globulus	桉樹醇（桉葉油醇）	抗病毒效果
紫丁香	Syringa vulgaris	丁香醛	品種保存
紫蘇	Perilla frutescens	紫蘇醛	抗菌效果

竹子（孟宗竹）	Phyllostachys heterocycla	葉醇、青葉醛	抗菌效果
連香樹	Cercidiphyllum japonicum	麥芽醇	焦糖香
日本扁柏	Chamaecyparis obtusa	杜松醇	防蟲效果
羅漢柏	Thujopsis dolabrata	檜木醇	抗病毒效果
橘柑	Citrus tachibana	水芹烯	甜美芳香
大蒜	Allium sativum	大蒜素	強身健體
彩椒	Capsicum annuum	吡嗪	彩椒的氣味
荷蘭芹	Petroselinum crispum	芹菜鹼	抗癌藥物
西洋芹	Apium graveolens	芹菜鹼	抗氧化效果
山椒	Zanthoxylum piperitum	山椒素	辛辣成分 止痛效果

植物名	學名	書中提到的氣味成分	主要作用
槲樹	Quercus dentata	丁香酚	抗氧化效果
菖蒲	Acorus calamus	細辛醚	抗癌效果
薰衣草（狹葉薰衣草）	Laveadula angustifolia	芳樟醇、乙酸芳樟酯	抗焦慮效果
萊姆	Citrus aurantiifolia	松油醇	改善腦部的血流量
香橙	Citrus junos	檸檬烯	緩解壓力
檸檬	Citrus limon	檸檬烯、檸檬醛	香精
酢橘	Citrus sudachi	酢橘皮素	改善高血脂症
臭橙	Citrus sphaerocarpa	檸檬烯、香葉烯	緩解壓力
茗荷	Zingiber mioga	蒎烯	緩解壓力

鴨兒芹	Cryptotaenia japonica	鴨兒芹烯	提升食慾
胡椒	Piper nigrum	莎草薁酮	葡萄酒的香氣
山葵	Wasabia japonica（Eutrema japonicum）	異硫氰酸烯丙酯	辛辣成分
芥菜	Brassica juncea	異硫氰酸烯丙酯	辛辣成分
仙客來	Cyclamen persicum	原本沒有香味	—
雞屎藤	Paederia scandens	硫醇	自我防衛
魚腥草	Houttuynia cordata	魚腥草素	獨特的臭味、抗菌與殺菌效果
大王花	Rafflesia arnoldii	二甲基三硫	腐肉味
巨花魔芋	Amorphophallus titanum	二甲基三硫、異戊酸	腐肉味、納豆味
萊佛士豬籠草	Nepenthes rafflesiana	硫化二丙烯	誘蟲效果

植物名	學名	書中提到的氣味成分	主要作用
洋蔥	Allium cepa	硫化二丙烯（丙硫醛－S－氧化物）	催淚作用
香菜	Coriandrum sativum	癸醛	香菜的氣味
銀杏樹	Ginkgo biloba	丁酸、庚酸	銀杏的臭味
皇帝豆	Phaseolus lunatus	羅勒烯、甲基三烯	防蟲效果
高麗菜	Brassica oleracea	SOS求救訊號	防蟲效果
薄荷	Mentha	薄荷醇	清涼感
綠薄荷	Mentha spicata	香芹酮	防蟲效果
番茄	Solanum lycopersicum	己烯醇	自我防衛
櫻花樹	Cerasus	香豆素	香水

索引

大王花 …… 188
大葉釣樟 …… 96
大蒜 …… 122
山椒 …… 131
山葵 …… 171
丹桂 …… 14
尤加利樹 …… 99
日本扁柏 …… 114
仙客來 …… 180
巨花魔芋 …… 190
百合 …… 56
竹子 …… 108
艾草 …… 85
西洋芹 …… 130
沈丁花 …… 64
依蘭 …… 60
咖啡樹 …… 80
松樹 …… 71
芥菜 …… 176
香橙 …… 150
洋蔥 …… 195
皇帝豆 …… 206
胡椒 …… 167
苦橙 …… 38
茉莉 …… 91
香莢蘭 …… 26
香菜 …… 199
栗子樹 …… 47
臭橙 …… 159
茗荷 …… 161
茶樹 …… 67
迷迭香 …… 33
高麗菜 …… 208
梅樹 …… 50
梔子 …… 44
彩椒 …… 126
荷蘭芹 …… 130
連香樹 …… 112
魚腥草 …… 185
番茄 …… 214
紫丁香 …… 103
紫蘇 …… 105
菖蒲 …… 139
萊佛士豬籠草 …… 192
萊姆 …… 146
酢橘 …… 157
葡萄柚 …… 29
鈴蘭 …… 22
銀杏樹 …… 202
槲樹 …… 135
樟樹 …… 74
曇花 …… 53
橘柑 …… 120
鴨兒芹 …… 165
薄荷 …… 210
薔薇 …… 19
檸檬 …… 154
薰衣草 …… 141
雞屎藤 …… 183
羅漢柏 …… 114
蘭草 …… 77
蘋果樹 …… 88
櫻花樹 …… 216

●作者簡介

田中修

一九四七年生於京都府。農學博士。京都大學農學院博士課程修畢。曾擔任過美國史密森研究中心博士後研究員等職務。獲甲南大學授予特別客座教授、榮譽教授的稱號。專長領域為植物生理學。著有《植物真奇妙》《植物的祕密》《植物真奇妙 — 七大不可思議篇》(以上皆為中央公論新社)《植物的超強生命力》《跟植物說聲謝謝你(以上皆為幻冬舍)《日本花卉集錦 — 賞玩令和的四季風情》(中央公論新社)《植物真美味》(筑摩書房)等多本著作。

丹治邦和

一九六九年生於京都府。醫學博士。神戶大學農學院畢。東京大學農業與生命科學研究所碩士課程修畢。曾擔任美國德州大學內科學研究室博士後研究員、美國德州大學安德森癌症中心博士後研究員等職務,現任弘前大學醫學研究所腦神經病理學講座助理教授。專長領域為分子病理生物學。合著有《植物為何有毒》(幻冬舍)《多重系統退化症與細胞自噬 — 神經內科》(科學評論社)等書。

植物聞學家——63種天然香氣不為人知的科學功效

出　　版／楓樹林出版事業有限公司
地　　址／新北市板橋區信義路163巷3號10樓
郵政劃撥／19907596 楓書坊文化出版社
網　　址／www.maplebook.com.tw
電　　話／02-2957-6096
傳　　真／02-2957-6435
作　　者／田中修、丹治邦和
翻　　譯／殷婕芳
責任編輯／邱凱蓉
內文排版／洪浩剛
港澳經銷／泛華發行代理有限公司
定　　價／420元
出版日期／2024年7月

國家圖書館出版品預行編目資料

植物聞學家:63種天然香氣不為人知的科學功效 / 田中修、丹治邦和 ; 殷婕芳譯. -- 初版. -- 新北市 : 楓樹林出版事業有限公司, 2024.07 面 ; 公分

ISBN 978-626-7499-01-6(平裝)

1. 植物 2. 植物生理學

373　　113007707